兰兴伟◎主编

地震地质灾害配电应急抢修

培训教材

U0194642

中国水利水电出版社
www.waterpub.com.cn

·北京·

内 容 提 要

本教材从高空体能拓展训练、应急保供电、应急供电技能及抢修供电四个方面进行编写，通过高空拓展的亲身体感训练，增强应急队员的心理素质和身体素质；从灾害风险辨识与预控措施、应急自救互救、地震知识与救灾现场心理疏导及灾害信息报送等方面夯实应急供电基础；从现场应急指挥部搭建、应急电源搭建与安全用电管理、应急通信系统搭建、配电线路与台区故障巡视与隔离等方面提高应急供电技术技能。最后，从配网施工技术规范、导线压接与插接、倒杆处理及线路架设等方面对抢修保电技术技能进行了详细介绍，并通过实战模拟对教学效果进行评估、评价。

本书适合需要接受培训的应急人员阅读，也可供相关爱好者参考。

图书在版编目（ＣＩＰ）数据

地震地质灾害配电应急抢修培训教材 / 兰兴伟主编.
-- 北京 ：中国水利水电出版社，2018.9
ISBN 978-7-5170-6897-6

Ⅰ．①地… Ⅱ．①兰… Ⅲ．①地震灾害－配电系统－故障修复－技术培训－教材 Ⅳ．①TM727

中国版本图书馆CIP数据核字(2018)第216877号

责任编辑：陈 洁		封面设计：中尚图
书　　名	地震地质灾害配电应急抢修培训教材 DIZHEN DIZHI ZAIHAI PEIDIAN YINGJI QIANGXIU PEIXUN JIAOCAI	
作　　者	兰兴伟　主编	
出版发行	中国水利水电出版社 （北京市海淀区玉渊潭南路 1 号 D 座　100038） 网址：www.waterpub.com.cn E-mail：mchannel@263.net（万水） 　　　　　sales@waterpub.com.cn 电话：（010）68367658（营销中心）、82562819（万水）	
经　　售	全国各地新华书店和相关出版物销售网点	
排　　版	北京中尚图文化传播有限公司	
印　　刷	炫彩（天津）印刷有限责任公司	
规　　格	170mm×240mm　　　16 开本　　15 印张　　273 千字	
版　　次	2018 年 9 月第 1 版　2018 年 9 月第 1 次印刷	
印　　数	0001—2500 册	
定　　价	78.00 元	

凡购买我社图书，如有缺页、倒页、脱页的，本社营销中心负责调换

版权所有·侵权必究

编 委 会

主　编　兰兴伟

副主编　唐侯杰　郭盛琛

编　写（按姓氏笔画排序）

李力沛　李文超　李　华　陈　刚

张　海　张楚红　杨伟辉　杨得举

赵红伟　高　斌　梁开旺　廖德胜

褚志强

主　审　赵红伟

参　审（按姓氏笔画排序）

王圣江　李世渝　刘法栋　夏桓桓

徐　辉　董俊杰　雷震宇

　　云南省是我国地震地质灾害最严重的省份之一，地震地质灾害给云南电网造成很大的损失，为推进云南电网公司"地震地质灾害配电应急抢修培训"工作，保证"地震地质灾害配电应急抢修培训"课程建设工作保质、保量顺利进行，云南电网公司教育培训评价中心于2016年6月7日先后前往发生过地震地质灾害的普洱供电局、景谷供电公司、昭通供电局、鲁甸供电公司开展实地调研和现场勘察工作，认真听取各方的意见和建议，并召集各地震地质灾害相关单位专业人员编写了本教材。

　　本教材从高空拓展训练、应急保电、应急供电技能及抢修供电四个方面进行编制，通过高空拓展的亲身体感训练，增强应急队员的心理素质和身体素质。从灾害风险辨识与预控措施、应急自救互救、地震知识与救灾现场心理疏导及灾害信息报送等方面夯实应急供电基础，从现场应急指挥部搭建、应急电源搭建与安全用电管理、应急通信系统搭建、配电线路与台区故障巡视与隔离等方面提高应急供电技术技能。最后，从配网施工技术规范、导线压接与插接、倒杆处理及线路架设等方面对抢修保电技术技能进行了详细介绍，并通过实战模拟对教学效果进行了评估、评价。

　　本教材在编写过程中，重点参考了灾区实际的需求和救灾过程取得的经验和教训，始终坚持实事求是和规范安全的宗旨。在梳理清楚各个知识点和满足现场应用的同时，尽可能避免冗繁的公式推导和理论分析。

本书实践性很强，涉及内容广泛但又重点突出，具有很强的针对性、实用性和借鉴意义。对地震地质灾害现场应急工作具有很强的指导性。

本教材在编写过程中，得到了昭通供电局、红河供电局、楚雄供电局和大理供电局的大力支持和帮助，在此表示诚挚的谢意。由于编者水平有限，书中难免有疏漏及不妥之处，敬请广大读者批评指正。

编 者

2018年1月

Contents **目 录**

模块一　高空体能拓展训练

一、基本知识

（一）拓展训练简介

1. 拓展训练的定义

拓展训练，又称外展训练（Outward bound），意为一艘小船驶离平静的港湾，义无反顾地投向未知的旅程，去迎接一次次挑战，去战胜一个个困难。

这种训练起源于第二次世界大战的英国。当时，盟军在大西洋的船队屡遭德国纳粹潜艇的袭击，海战场景如图1-1所示。在船只被击沉后，大部分水手葬身海底，只有极少数人得以生还。英国的救生专家对生还者进行了统计和分析研究，他们惊奇地发现，这些生还者并不是他们想象中的那些年轻力壮的水手，而是意志坚定、懂得互相支持的中年人。

图1-1　二战海战

1941年，科翰在英国的威尔士建立外展训练户外学校。"There is more in you than you think"（你的潜能超过你意识到的），这是二战前比利时一所教堂墙上的铭刻，后来成为科翰所建外展训练的信条，他相信每个人都有超过自我认识的勇气、力量和善心。他办学的目的就是希望创造一种模拟真实的情境，让人们在经受自我怀疑、厌倦、被嘲笑的经历过后，获得对自我和别人更深的理解和认识，从而实现自我完善和提升。

第二次世界大战结束之后，外展训练这所新型学校并没有因为其历史使命的结束而结束，相反，这种具有独特创意的特殊训练方式逐渐得到了推广，很快就风靡了整个欧洲的教育培训领域并在其后的半个世纪中发展到全世界。训练对象也由最初的海员扩大到军人、工商业人员等各类团队。训练目标也由单纯的体能、生存训练扩展到心理训练、人格训练、管理训练等。

1974年，科翰逝世。《伦敦时报》撰文说："我们这个时代，没有人能像他那样，提出如此有创意的教育理念并具备把它付诸实施的天分"。

2. 素质拓展训练的作用

这种全新的训练方式通常包括充沛体能训练、成功心理训练、挑战自我训练、团队合作训练四大类型。通过拓展训练，使队员在以下方面得到提高：

（1）认识自身潜能，相信自己，增强自信心，改善自身形象。

（2）克服心理惰性，启发想象力与创造力。拓展训练通过形式多样、变幻莫测的情景对队员予以磨炼，促使队员学会在看似杂乱的场景中找出规律，培养队员以积极开拓的姿态去战胜困难，提高解决问题的能力。

（3）认识团队的作用，信任他人、融入团队、信赖团队，增强队员的参与意识与责任心，塑造团队活力，与团队共同成长。

（4）真诚的交流、顺畅的沟通。在整个培训中通过每个人的发挥与自我展现，从中更全面地认识到每个人的特长、优点及潜质所在，有助于帮助队员在实际工作中更好地与他人沟通和交流，发挥各自的特长与潜质、相互配合与协作、相互学习与借鉴。

综上所述：素质拓展训练=合作+潜能+核心+目标+心态+沟通+信心。

（二）素质拓展训练的核心理念

1. 队员是主角

在培训的整个过程中，队员一直是活动的重心，通过亲身感受，队员从训练中悟出道理。

2. 简单游戏蕴涵深刻道理

"素质拓展训练"看似简单，但实际上这些项目中绝大多数都是经过心理学、管理学和团队科学等多学科的长期实践论证的，能够对个人心理素质和团队意识提升发挥很大作用。

3. 参训者情感距离被迅速拉近

参加素质拓展训练、每个小组通过培训师的调动充分融合，由于活动本身都面临着挑战，许多项目需要大家通力合作才能完成，这样建立的感情才更深厚。

4. 投入为先

拓展训练的所有项目都以体能活动为引导，引发出认知活动、情感活动、意志活动和交往活动，有明确的操作过程，要求队员全情投入才能获得最大收获。

5. 挑战自我

拓展训练的项目都具有一定的难度，这种难度表现在心理素质的考验上，需要队员向自己的能力极限挑战，突破"心理极限"。

6. 高峰体验

在克服困难、顺利完成训练项目以后，队员能够体会到发自内心的胜利感和自豪感，获得人生的高峰体验。

7. 自我教育

通过素质拓展训练，队员能够在认识自身潜能，增强自信心，提升自身形象；克服心理惰性，磨炼战胜困难的毅力；启发想象力与创造力，提高解决问题的能力；认识团队的作用，增进参与意识与责任心；改善人际关系，更为融洽地参与团队合作等方面得到提高。

（三）素质拓展训练的主要环节

素质拓展强调在体验中学习，体验先于学识。同时，学识与意义来自队员的体验。每个队员的体验都是独特的，因为这个学习过程运用的是归纳法而不是演绎法，是由队员自己去发现、归纳体验过程中的知识。具体步骤为：

第一步：体验。队员投入一项活动，并以观察、表达和行动的形式进行。这种初始的体验是整个过程的基础。

第二步：分享。有了体验以后，队员要与体验过或观察过相同活动的人分享他们的感受或观察结果。

第三步：交流。分享个人的感受只是开始。循环的关键部分则是把这些分享的东西结合起来，与其他人探讨、交流以及反映自己的内在生活模式。

第四步：整合。按逻辑的程序，接下来是从经历中总结出原则并归纳提取精华，再用某种方式去整合，以帮助队员进一步定义和认清体验中得出的结果。

第五步：应用。最后是策划如何将这些体验应用在工作及生活中。而应用本身也成为一种体验，有了新的体验，循环又开始了，因此队员可以不断进步。

二、高空拓展安全保护

体验式培训自20世纪40年代出现后，历经了长期的发展演变。由于这种培训特有的参与性、挑战性、趣味性等鲜明特点，使其在具有无可替代的培训效果的同时，不可避免地存在一定的安全风险。

（一）安全操作原则

（1）监护原则：不允许无监护擅自开展高空拓展项目。

（2）复查原则：对装备安全检查、布点及装备布置情况进行对照检查。

（3）及时报告和分享的原则：及时报告检查问题，分享经验。

（4）在高空换锁必须遵循"先挂后摘原则"。

（5）项目进行中"互相保护原则"。

（二）安全装备介绍

1. 按用途分类

（1）保护性装备：主绳、安全带、扁带、铁锁、保护器（8字环）、头盔。

（2）辅助性安全装备：手套、粉/粉袋、太阳镜。

2．按材质分类

（1）尼龙类（尼龙制品）：主绳、扁带、安全带。

（2）金属类（铝、铝合金等）：铁锁、保护器（8字环）、头盔。

3．主绳分类

（1）动力绳：一般表皮为彩色，延展性在6%～8%，主要在攀登中使用。

动力绳分为单绳、双绳和对绳。

1）单绳标识为①。通常攀登用单绳，直径9.5～11mm，60～80g/m。

2）双绳①/②两根都分别受力，直径8.4～9.5mm。

3）对绳⑩不能单独使用。

（2）静力绳：主颜色覆盖率达80%以上。一般为白皮或黑皮，延展性小于或等于2%。通常用于无太大冲坠的操作、下降以及工业应用等。

4．主绳的使用方法和注意事项

（1）主绳应经过国际攀联（UIAA）或欧洲标准（CE）的认证。

（2）绳轴数越小延展性越多，线轴数越多抗磨性越好。

（3）绳皮与绳芯之间的摩擦滑动力越小越好。

（4）绳子的拉力不能小于22kN。

（5）注意绳子的变形情况，禁止使用存在隐患的绳子。

（6）严禁使用超过年限的绳子。

5．主绳的保养注意事项

（1）绳子在遇水的情况下会变硬，避免接触雨、水、冰、火、高温。

（2）绳子存放在通风干燥的地方，避免强烈的紫外线照射。

（3）不允许踩踏绳子，避免接触尖锐的东西（如：锋利的岩石、沙砾）。

（4）避免接触油类、酒精、汽油、油漆溶剂和酸碱性化学物品。

（5）禁止用作其他用途，如捆扎物品，禁止野蛮使用，如拖拉汽车等。

（6）严禁购买旧绳充当新绳使用。

6. 扁带

扁带外形如图1-2所示。

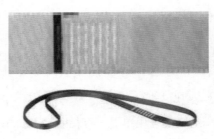

图1-2　扁带

（1）扁带在扁带保护系统中起软性连接作用。

（2）扁带在连接缝合处不能弯折。

7. 安全带

安全带的种类如图1-3所示。

（a）坐式安全带之一　　　（a）坐式安全带之二　　　（a）全身式安全带

图1-3　不同种类的安全带

（1）安全带为攀登者和保护者提供一种安全舒适的固定，并方便与绳子连接，可以把坠落的冲击力分散到背、腿上，而不单集中于腰上。

（2）安全带按形状分为全身安全带、坐式安全带；按结构又可分为可调式和不可调两种。

（3）坐式安全带系于腰部，由腰带和腿带组成。腰带上有保护环，是保护人体的各种装备的连接装置。坐式安全带的主要受力部位为腰部，腿部可以分担一些力量。操作时要注意先紧安全带腰部再紧腿部。

（4）全身式安全带是在坐式安全带的基础上增加了一根背带，主要受力点在胸部或背部（根据不同安全带设计差异有所区别）。

8. 头盔

头盔外形如图1-4所示。

（a）　　　　　　　　　　　　　　　　（b）

图 1-4　头盔

头盔可避免在攀登过程中头部碰到硬物以及在野外攀登过程中受落石或上方抛下的装备引起的伤害，起到保护头部的作用。

9. 铁锁

不同种类的铁锁如图1-5所示。

（a）改良D形铁锁　　　（b）D形铁锁　　　（c）梨形铁锁　　　（d）10形钢

图1-5　不同种类的铁索

（1）铁锁用来连接绳子与保护点、安全带与保护/下降器、携带器材等。在保护系统中铁锁作刚性连接。应经过UIAA或CE等认证。

（2）丝扣锁（主锁）用于与相对永久的保护点连接。普通锁（简易锁、一般锁）用于与临时性的保护点连接。性能指标为：①纵向拉力：大于20kN。②横向拉力大于：5kN。③开门拉力大于：5kN。④此指数为一般值，根据不同品牌、不同型号略有变化。

10. 保护下降器

不同种类的保护下降器如图1-6所示。

8字环　　　　　　　GRIGRI　　　　　　STOP

图1-6　不同种类的保护下降器

（1）在保护和下降过程中通过保护下降器与绳子的摩擦力来保障安全。

（2）保护下降器是最早、最常见的保护器，与铁锁一起使用，通常为保护人员使用，不能用于长距离下降（20m以上为长距离）。

（3）8字环为国际攀岩比赛专用保护器。禁止用于上方保护点操作。

（三）安全措施布置

1. 绳结

（1）平结加双渔人结，如图1-7所示。是下降时用来连接两条绳子的最好的选择，因为它在承受重量后容易解开。

图1-7　平结加双渔人结

（2）双渔人结，如图1-8所示。最适合用来连接绳圈或是常置（不常解开）的绳子，因为它在承受重量后不易解开。

图1-8　双渔人结

（3）双套结，如图1-9所示。容易打结及调整，适合于固定点的架设。

（4）拖吊结，如图1-10所示。一种可限制绳索只做单一方向移动的绳结，适合用来拖吊一些不算太重的物体（例如攀登，它可用来拖自己的背包），尤其是在单人的时候。

图1-9　双套结

（5）意大利半结，如图1-11所示。做保护时最好不要用意大利半结下降，否则绳子很容易缠结。意大利半结＋一条绳圈＋一个大嘴巴有锁钩环，就等于是一个简易的吊带与下降器，是登山者爬山必备的器材，紧急时可以用来救助别人。

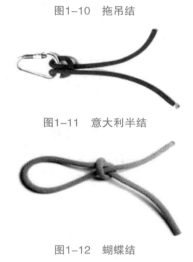

图1-10　拖吊结

图1-11　意大利半结

（6）蝴蝶结，如图1-12所示。打在绳子的中央，用于横渡冰河之用。

（7）水结，如图1-13所示。

1）打在主绳上。又称为欧洲死结，不过有许多攀登者喜欢用它来联结两条下降绳，因为它受力时不像其他绳结一样会卡死，水结打好后必须预留100mm左右的绳头。

图1-12　蝴蝶结

2）打在扁平带上。水结打在扁平带上，一旦受力后很难再解开，常用于不需要解开的绳圈上。

（a）水结打在主绳上

（b）水结打在扁平带上

图1-13　水结

（8）称人结，如图1-14所示。

1）称人结常打在安全吊带上，称人结不能单独使用，须加上一个单结后才能使用。队员须掌握称人结的身上打法、物上打法、单手打法、闭眼打法的技巧。

图1-14　称人结

2）称人结的另一种变形打法，如图1-15所示。

称人结在以往是一个很常用的绳结，但是使用过程中有许多松开的案例，即使在称人结上加一个单结，经过长时间吊挂在岩壁上仍有松开的可能。

称人结的变形打法为先打一个双称人结后，再加上两圈，这样就可免除松开的可能。

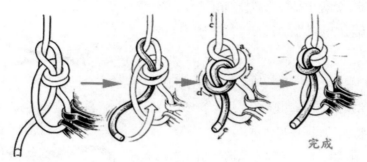

图1-15　称人结的另一种打法

（9）止索结，如图1-16所示。由半个三渔人组成，它常打在绳子的末端以防止绳队攀登时下降发生意外，止索结一般都会卡在下降器中（8字环除外）。

图1-16　止索结

（10）双八字结，如图1-17所示。最常用的绳结之一，多用于联结吊带上。

2. 国际攀岩通用五步保护法

第一步：左手握住从上方下来的绳索，右手紧握从8字环绕出来的绳索。保护者两

图1-17　双八字结

腿前后分立，重心略向后，随着攀登者的逐渐向上运动，保护者要不断地将绳索收回。收绳时，左手根据攀登者的上升速度向下拉绳，右手同时将通过8字环绕出的绳端向上收紧。

第二步：右手离开8字环较远，应向下将绳索压至右胯后。

第三步：左手把原来位置松开并抓住通过8字环绕出的绳端。

第四步：右手换到8字环下抓紧绳索。

第五步：恢复第一步姿势，如此循环操作。

国际攀岩通用五部保护法如图1–18所示。

提　压

攥　攥　扶

图1–18　国际攀岩通用五步保护法

注意：必须始终有一只手抓紧从8字环绕出的绳端。当攀登者达顶后或需放下时，则将右手背于胯后紧贴躯干，手握力略松将绳逐渐放出。一旦攀登者失误脱落，则在两脚站稳的基础上，重心后移，将右手迅速用力抓紧绳索背于胯后，利用8字环的摩擦力使绳索停止滑动而将攀登者固定在空中，使其得到保护，然后再将其慢慢放下。以上保护技术，左利手者的操作则正好相反。

3. 保护点的设置

保护点分为天然固定保护点、人工固定保护点两种类型。

（1）天然固定保护点可供绳索连接岩柱、树木等，但在使用前必须仔细测试其牢固程度和可承受力。避免因判断不准确使保护点失效，造成危险。

（2）人工固定保护点，通常是人们在建造的高空或攀岩架上设置的保护点。

模块二　应急保供电

第一节　现场处置方案编制与应用

一、应急预案管理要求

（一）国家法律法规要求

（1）《中华人民共和国安全生产法》第七十七条：县级以上地方各级人民政府应当组织有关部门制定本行政区域内生产安全事故应急救援预案，建立应急救援体系。

（2）《中华人民共和国突发事件应对法》第十七条：国家建立健全突发事件应急预案体系。国务院制定国家突发事件总体应急预案，组织制定国家突发事件专项应急预案；国务院有关部门根据各自的职责和国务院相关应急预案，制定国家突发事件部门应急预案。地方各级人民政府和县级以上地方各级人民政府有关部门根据有关法律、法规、规章、上级人民政府及其有关部门的应急预案以及本地区的实际情况，制定相应的突发事件应急预案。应急预案制定机关应当根据实际需要和情势变化，适时修订应急预案。应急预案的制定、修订程序由国务院规定。

（3）《中华人民共和国突发事件应对法》第十八条：应急预案应当根据本法和其他有关法律、法规的规定，针对突发事件的性质、特点和可能造成的社会危害，具体规定突发事件应急管理工作的组织指挥体系与职责和突发事件的预防与预警机制、处置程序、应急保障措施以及事后恢复与重建措施等内容。

（4）国务院办公厅《突发事件应急预案管理办法》（国办发〔2013〕101号）对预案格式有以下内容要求：①分类和内容；②预案编制；③审批、备案和公布；④应急演练；⑤评估和修订；⑥培训宣传和教育；⑦组织保障。

（5）国家能源局《电力企业应急预案管理办法》（国能安全〔2014〕508号）对预案有以下内容要求：①预案编制；②预案评审；③预案备案；④应急培训；⑤应急演练；⑥应急修订；⑦监督管理。

（6）国家能源局《电力企业应急预案评审及备案细则》（国能综安全〔2014〕954号）对预案评审有以下内容要求：①预案评审；②预案备案。

（二）南方电网有限责任公司管理规定要求

（1）应急管理规定：明确应急管理体系建设的一体化管理原则性要求。

（2）应急预案与演练管理办法：明确应急预案体系管理工作要求。

（3）应急预警与响应管理办法：明确应急处置工作要求。

二、应急预案体系

（一）公司预案体系结构

构建统一、规范、全覆盖的应急预案体系，见下图。

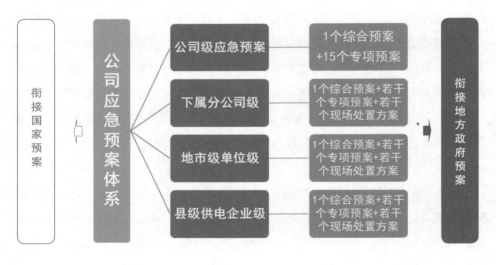

（二）现场处置方案的作用和定位

（1）现场处置方案的作用：是各相关岗位人员在相关区域、场所开展突发事件处置时的具体工作指引，它解决现场突发事件应对的5W1H（即为何这样做why、做什么内容what、哪个工作岗位做which、责任者是谁who、什么时间做when、怎样操作的how）问题。

（2）现场处置方案的定位：承接本级单位专项预案、部门预案，作为专项预案、部门预案的细化，是应急处置中最基础、最需要实操性的标准文件。

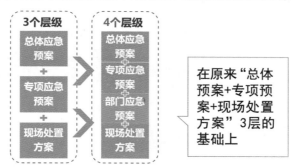

（3）现场处置方案的编制范围包括输、变、配、营销、网络信息、新闻专业各班组。班组范围包括变电站、供电所、各班组。

三、现场处置方案管理

现场处置方案管理工作内容如下述。

1. 现场处置方案编制

（1）工作要求。

1）根据法律、法规、规章和上一级单位的应急预案，结合风险评估结果，组织编制本区域、场所的现场处置方案。

2）现场处置方案编制应成立工作组，充分收集相关资料，全面分析危险因素和事故隐患，客观评估应急能力和应急资源。

3）现场处置方案的编制应规范统一，每项预案应包括封面、批准页、目录、正文、附件等部分。

（2）执行要点。

1）如何开展事件特征识别（风险分析）。

2）如何组织工作组开展工作。

3）如何编制好现场处置方案。

（3）现场处置的事件特征（风险分析）简图如下：

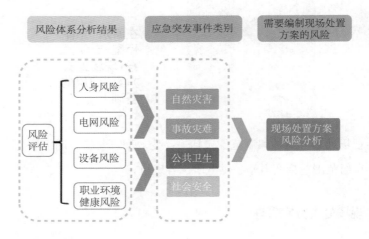

（4）现场处置方案的关键要素。

1）总则：

a. 适用范围。

b. 与其他预案的关系。

c. 事件特征：

ⅰ．危险性分析，可能的事件类型。

ⅱ．可能区域、地点、装置名称。

ⅲ．可能时间、可能危害程度。

2）应急组织及职责：

a．应急组织形式和构成人员。

b．明确相关岗位人员的具体职责。

3）应急处置：

a．现场应急处置程序。

b．现场应急处置措施。

（5）事故报告流程。

1）注意事项：佩戴个人防护器具、使用抢险救援器材、采取救援对策或措施方面、现场自救和互救、现场应急处置能力确认和人员安全防护、应急救援结束后、其他需要的特别警示。

2）附则：实际需要联系方式、应急物资装备的名录或清单、关键的路线、标识和图纸、相关或相衔接的应急预案、规程的名称和版本。

2．现场处置方案评审与发布

（1）工作要求。

1）专业评审+综合评审。

2）形式评审：语言文字、层次结构、编制程序、内容格式、附件项目。

3）要素评审（基本要素和关键要素）：合法性、操作性、针对性、实用性、科学性、完整性、衔接性。

（2）执行要点。

1）如何组织评审。

2）如何确保评审成效。

3）现场处置方案编号。

3．分省公司及其所属单位所属应急预案编号规则

（1）格式：Q/CSG-XX-X.XX.XX.XX.XX —XXXX-X，其中：

1）第一、二个"X"是分子公司编号（超高压公司、调峰调频公司，广东、

广西、云南、贵州、海南电网公司，广州、深圳供电局分列01～09）。

2）第三个"X"为作业标准代号，代号为4。

3）第四、五个"X"是作业标准分类代号，代号是10。

4）第六、七个"X"是省和所属单位的顺序号，省公司序号为00。

5）第八、九个"X"是省和所属单位部门编号（由供电局自行编制确定）。

6）第十、十一个"X"是现场处置方案顺序号（由编制单位自行编制确定）。

7）第十二至第十五个"X"是预案发布的年份。

8）第十六个"X"是预案修编的次数，次数超过两位数可以自行扩编。

（2）分省公司及其所属单位所属现场处置方案举例。

举例说明：Q/CSG–05–4．10．03．27．02－2013–3。

云南电网公司红河供电局蒙自分局2013年第3版修订的，顺序号为第2的现场处置方案。

1）第一、二个"05"是云南电网公司编号。

2）第三个"4"为作业标准代号。

3）第四、五个"10"是作业标准分类代号。

4）第六、七个"03"是红河供电局。

5）第八、九个"27"是红河供电局蒙自分局编号（由供电局自行编制确定）。

6）第十、十一个"02"是现场处置方案顺序号（由蒙自分局自行编制确定）。

7）第十二至第十五个"2013"是预案发布的年份。

8）第十六个"3"是预案修编的次数，次数超过两位数可以自行扩编。

（3）县、区级单位应急预案编号规则。

格式：Q/CSG–分省公司编号X.XX.XX.XX.XX.XX －XXXX–X：

1）第一个"X"为作业标准的代号，代号为4。

2）第二、三个"X"是作业标准分类的代号，代号是10。

3）第四、五个"X"是省和所属单位的顺序号，省公司序号为00。

4）第六、七个"X"是县级单位的顺序号（由县级单位上级自行编制确定）。

5）第八、九个"X"是县、区级单位部门编号（由县、区级单位自行编制确定）。

6）第十、十一个"X"是现场处置方案顺序号（由编制部门自行编制确定）。

7）第十二至第十五个"X"是预案发布的年份。

8）第十六个"X"是预案修编的次数，次数超过两位数可以自行扩编。

（4）县、区级单位应急预案编号规则举例。

举例说明：Q/CSG-05-4.10.03.27. 01.02-2014-3。

云南电网公司红河供电局建水公司2013年第3版修订的，顺序号为第2的现场处置方案。

1）"05"是云南电网公司编号。

2）第一个"4"为作业标准代号。

3）第二、三个"10"是作业标准分类代号。

4）第四、五个"03"是红河供电局。

5）第六、七个"27"是建水供电有限公司编号（由红河供电局自行编制确定）。

6）第八、九个"01"是建水供电有限公司城区供电所（由建水供电有限公司自行编制确定）。

7）第十至十一"02"是现场处置方案顺序号（由城区供电所自行编制确定）。

8）第十二至第十五个"2014"是预案发布的年份。

9）第十六个"3"是预案修编的次数，次数超过两位数可以自行扩编。

4. 现场处置方案发布备案

（1）评审合格后由现场处置方案编制部门提请本单位负责人审批后，签发发布。

（2）向本单位应急办备案，备案后报送现场处置方案涉及的相关专业管理部门。

5. 现场处置方案修编与废止

（1）评估修订。公司系统各级现场处置方案编制负责部门应当根据演练、实战等反馈信息，对现场处置方案进行评估，有必要进行修订的，应组织修订并重新评审、发布、备案。

（2）条件修订。

1）依据的国家和公司相关法律、法规、规章和标准发生变化。

2）涉及的电网结构、周围自然环境以及作业环境发生变化，产生新的重大风险和危险源。

3）应急组织形式或者职责已经调整。

4）现场处置方案演练评估报告和突发事件应急处置要求修订。

5）自身主要预警、响应、应急处置及主要资源等信息发生改变。

6）上级预案修订后，需要相应修改内容的。

（3）现场处置方案修编与废止。

1）定期修订：除上述条件外，公司系统各级单位的现场处置方案应当每三年至少修订一次；修订过程中，涉及组织体系与职责、应急处置程序、主要处置措施、事故报告流程等重要内容的，修订工作应按本《中国南方电网有限责任公司应急预案与演练管理办法》规定的预案修编、评审、发布和备案等程序组织进行；涉及其他内容的，修订程序可根据情况适当简化。

2）现场处置方案废止：公司系统各级现场处置方案的废止，由编制责任部门负责发布废止声明。

四、应急演练管理

（一）应急演练概念及职责

1.　概念

应急演练是按照现场处置方案规定的职责和程序，对方案中各应急职责、应急处置程序、措施、事件报送、应急保障与联动等内容进行应对训练和检验，以检验方案各部分内容是否具备可操作性。

2.　职责分工

（1）应急指挥中心：审批应急演练涉及的大额资金，抽查演练基层现场处置方案，使其落地。

（2）应急办公室：督促本单位现场处置方案的演练，督促各项演练中暴露的问题和提出的改进措施进行闭环整改。

（3）专业管理部门：各级专业管理部门应按照应急办下发的应急演练计划组织策划、指导本专业涉及现场处置方案应急演练。

（4）现场（基层）责任部门：负责根据专项应急预案要求及本部门风险评估结果，组织编制、评审、发布、修订本部门现场处置方案，并组织相应的演练。

（二）应急演练类型

1. 按组织类型分类

（1）桌面演练：按照突发事件现场处置方案，利用图纸、计算机仿真系统、沙盘等模拟进行应急状态下的演练活动。

（2）实战演练：按照突发事件现场处置方案或应急程序，以程序性演练或检验性演练的方式，运用真实装备，在突发事件真实或模拟场景条件下开展的应急演练活动。

2. 按内容分类

（1）参与综合演练：参与由多个单位、部门共同行动的综合或多个专项应急演练活动，其目的是在一个或多个部门（单位）内针对多个环节或功能进行检验，并特别注重检验不同部门（单位）之间以及不同专业之间的应急人员的协调性及联动机制。

（2）参与专项演练：针对本单位突发事件专项应急预案以及其他专项应急预案中涉及本现场处置方案自身职责而组织的应急演练。其目的是在一个部门或单位内针对某一个特定应急环节、应急措施或应急功能进行检验。

3. 按目的和作用分类

（1）功能性演练：由相关参演单位人员，通过有限的现场活动，或调用有限的外部资源，针对某项应急响应功能或其中某些应急响应行动举行的演练活动。其主要目的是检验和锻炼响应处置流程中某一工作或应急体系某一环节的应急能力。

（2）程序性演练：根据演练题目和内容，事先编制演练工作方案和脚本。演练过程中，参演人员根据应急演练脚本，逐条分项推演。其主要目的是熟悉应对突发事件的处置流程，对工作程序进行验证。

（3）检验性演练：演练时间、地点、场景不预先告知，由演练指挥机构随机控制，有关人员根据演练设置的突发事件信息，依据相关应急预案，发挥主观能动性进行响应。其主要目的是检验针对突发事件的实际应急响应和处置能力。

（三）应急演练管理工作内容

1. 演练计划编制

（1）时间要求：各级应急办应针对检验预案、完善准备、锻炼队伍、磨合机制以及科普宣教等目的，根据自身实际情况，选择合适的演练方式，组织编制本单位下一年度演练计划，并在每年12月30日前报上级应急办备案。

（2）频次要求。

1）现场处置方案演练：现场责任部门的各项电网、设备、信息安全事件等现场处置方案，应每季度至少开展1次演练；其他类的现场处置方案应每年至少开展1次演练；其中涉及自然灾害、人身伤亡、火灾、设备等重要灾害、事故的演练每年至少组织1次实战演练。

2）季节性应急演练：具有季节性特点的应急演练，应在相应季节来临前至少开展1次演练。

3）事故多发、易发地区应急演练：灾害和事故多发、易发地区的单位应针对性的经常开展相关应急演练。

2. 演练组织实施

（1）应急演练实施——桌面演练。

1）组织领导：由一个主持人领导整个桌面演练。

2）参与范围：演练内容所涉及的所有部门代表。

3）所需设施：会议室、图纸资料、预案。

4）形式：事件说明形式，有主持人对参加的人员描述清楚假设的突发事件，让大家讨论应该采取的应对行动；发布模拟信息，让演练参与人员根据模拟信息，讨论、判断应该采取的应对措施。

（2）应急演练实施——实战演练，见下页图。

3. 演练评估报告编制

（1）演练概况：演练题目、演练目的、演练的方式、参演单位及人数、应急预案（现场处置方案）的名称及数量。

（2）演练情况：根据演练所设置的题目，简述各参演单位或人员在演练过程中的处置情况。

（3）演练评估：各演练督导小组（人员）的评估、演练总体评估。

（4）取得成绩：简述本次应急演练中值得固化、推广的流程和工作方法。

（5）存在问题改进措施：按照5W1H原则从应急管理、参演单位各方面暴露的问题、整改措施、责任单位、完成时间等方面进行总结。

第二节　灾害信息报送

一、国家法律法规相关规定

（一）《中华人民共和国突发事件应对法》对信息报送工作的要求

（1）第三十八条：县级以上人民政府及其有关部门、专业机构应当通过多种途径收集突发事件信息。县级人民政府应当在居民委员会、村民委员会和有关单位建立专职或者兼职信息报告员制度。获悉突发事件信息的公民、法人或者其他组织，应当立即向所在地人民政府、有关主管部门或者指定的专业机构报告。

（2）第三十九条：地方各级人民政府应当按照国家有关规定向上级人民政府报送突发事件信息。县级以上人民政府有关主管部门应当向本级人民政府相关部门通报突发事件信息。专业机构、监测网点和信息报告员应当及时向所在地人民政府及其有关主管部门报告突发事件信息。

有关单位和人员报送、报告突发事件信息，应当做到及时、客观、真实，不得迟报、谎报、瞒报、漏报。

（3）第四十条：县级以上地方各级人民政府应当及时汇总分析突发事件隐患和预警信息，必要时组织相关部门、专业技术人员、专家学者进行会商，对发生突发事件的可能性及其可能造成的影响进行评估；认为可能发生重大或者特别重大突发事件的，应当立即向上级人民政府报告，并向上级人民政府有关部门、当地驻军和可能受到危害的毗邻或者相关地区的人民政府通报。

（二）中华人民共和国国务院令第599号《电力安全事故应急处置和调查处理条例》对信息报送工作的要求

第九条规定事故报告内容：事故发生地电力监管机构接到事故报告后，应当立即核实有关情况，向国务院电力监管机构报告；事故造成供电用户停电的，应当同时通报事故发生地县级以上地方人民政府；事故报告内容为事故发生的时间、地点（区域）以及事故发生单位；已知的电力设备、设施损坏情况，停运的发电（供热）机组数量、电网减供负荷或者发电厂减少出力的数值、停电（停热）范围；事故原因的初步判断；事故发生后采取的措施、电网运行方式、发电机组运行状况以及事故控制情况；其他应当报告的情况。事故报告后出现新情况的，应当及时补报。

二、南方电网有限责任公司信息报送工作的要求

（1）突发事件初始信息应按照"快报事实"的原则，报告方式分为口头报告和书面快速报告（突发事件应急信息快速报告单模板参见附录1-1）。

（2）口头报告。通过电话、手机短信等方式第一时间报告，最迟在1小时内逐级报到公司总值班室、应急办和相关专业管理部门，紧急情况下可越级报告。

（3）书面快速报告。事发单位具备报送条件时应即时填报《突发事件应急信息快速报告单》（参见附录一），通过应急指挥信息管理系统、邮件、传真等多种方式逐级报送至公司，最迟应在2小时内报送至分子公司，3小时内报至公司；紧急情况下可越级报告。

（4）达到政府规定的一般及以上突发事件标准的事件，事发单位应按照相关规定和流程要求，经批准后由本单位应急办在事发1小时内通过口头或书面的方式向当地政府有关部门报告。紧急情况下可先电话或短信口头报告。

（5）现场处置涉及的应急信息报告详见"附表1-1　突发事件应急信息快速报告单模板""附表1-2　初始信息报告单模板""附表1-3　内部事件应急信息报告模板"。

第三节　地震地质灾害应急风险辨识与预控措施

一、地震地质灾害的事故特点

（一）事故发生突然

地震地质灾害事故往往在我们毫无防备的时候发生，在很短的时间内，整体的建筑构件或者其他构件发生迅速地坍塌，从而形成了填埋或者堆垛的局面。

（二）人员伤亡严重

地震地质灾害事故的发生具有突发性和不可预见性，一旦发生灾害事故，易使人员被困建筑物内，或埋压在废墟中，造成大量人员伤亡。

（三）破坏力强烈

地震地质灾害导致了大片的居民住宅以及城镇的基础设施遭到毁坏，破坏力巨大。

（四）造成设施损坏严重，救援困难

地震地质灾害能够造成电力、供水、交通以及通信等重要设施的毁损，消防与医疗救护等专业的救援部门自身也遭受不同程度的损害；除造成直接灾害之外，可能导致供电设施的毁坏和可燃气体的泄漏等，容易引起火灾。

（五）容易造成灾区社会秩序的混乱

强烈地震地质灾害破坏人们正常的生活与工作秩序，给人们的心理带来焦虑、紧张甚至极大的创伤，加上地震地质灾害之后物资运送困难短缺，很可能引起灾区社会秩序的混乱。

（六）容易引发次生灾害

地震地质灾害容易引发有毒气体泄漏、水灾、山崩以及滑坡等次生灾害，造成损失扩大。伴随水灾、火灾以及有毒气体的泄漏等，各种灾害交织在一起，应急救援十分困难。

二、地震地质灾害应急风险评估

（一）评估方法选择

根据行业特征和风险评估需求，风险评估方法主要有：风险因素分析法、模糊综合评价法、内部控制评价法、分析性复核法、定性风险评价法、风险率风险评价法等。根据地震地质灾害的事故特点，在此采用风险因素分析法。

风险因素分析法是指对可能导致风险发生的因素进行评价分析，从而确定风险发生概率大小的风险评估方法。其一般思路是：调查风险源→识别风险转化条件→确定转化条件是否具备→估计风险发生的后果→风险评价。

（二）地震地质灾害风险分析

1. 物体打击

（1）破坏结构在新的扰动下发生二次坍塌。众所周知，受损建筑物的稳定性往往决定了建筑物是否会发生二次坍塌，余震是导致建筑物发生二次坍塌、山体滑坡、泥石流等次生灾害的主要原因。在建筑物比较密集的区域，一个坍塌的建筑物容易引起相邻建筑物发生坍塌，所以现场应急抢险人员除了考虑坍塌建筑物的稳定性之外，还应该考虑其相邻建筑物的稳定性。

在受损建筑物附近应急工作中，对可能面临的危险要有预先准备：由于许多建筑物结构失稳，因此应急抢险人员在靠近受损建筑物前，需对建筑物的结构进行初步分析，综合判断是否可能再次发生坍塌。

（2）山上滚、落石。地震地质灾害发生后，由于山体结构受损，导致山石疏松容易滚落，山上滚石主要为：一是通往应急抢险现场路途中突遇山上滚、落石砸伤人员或车辆设备；二是抢修现场山上滚石砸伤抢险人员或抢修机具设备。

（3）山体滑坡、泥石流。地震或余震引发的山体滑坡、泥石流灾害，一方面阻断应急抢险现场的道路，引起交通风险导致人员受伤或被困；另一方面处于山体滑坡或泥石流下方的应急人员来不及逃生导致群死群伤。

（4）通过、经过受损或高大建筑物时高处落物打击。一是建筑物本体构件或者填充物受损掉落；二是放置在高处的物体由于未固定或者固定连接件脱落导致滑落；三是灾区设施如电力设备、通信设备、公共标识牌、广告牌等设施倒落。

（5）应急抢险过程中高处物体打击。应急抢险过程中，一是受损的杆塔、导线及杆上其他设施设备等掉落对应急人员物体打击；二是抢修过程中工器具材料掉落对工作点下方地面人员及设备落物打击；三是拆除受损设备构件时方法不正确导致落物伤人。

2. 高处坠落

（1）应急人员地面移动过程中踩踏不稳定的结构如受损的房屋、山体岩石、塌陷的道路等导致所在区域发生滑坡塌方。

（2）电力设备抢修人员在攀爬受损杆塔过程中，杆塔意外倒落导致人员坠落。

（3）电力设备抢修过程中高空作业人员未正确使用安全带等防护措施导致人员高空坠落。

（4）电力设备抢修人员受损杆塔抢修复电过程中，抓踩掉落不牢固杆塔构件导致人员坠落。

3. 尖锐物品的刺伤和划伤

（1）建筑物里往往使用了大量的钢筋、砖、玻璃等物体，因地震地质灾害发生断裂的墙体或者天花板等，都可能产生尖锐的物品，这些物品可能划伤或者刺伤应急抢险人员。

（2）电力设备抢修过程中抢修人员清理或安装部件时被锋利的断口、带尖刺的材料割伤或刺伤。

4. 触电

（1）灾区受损电力设备导电部分裸露、脱落或脱落搭接在其他设备上，导致设备带电对接触或靠近的人员带来触电风险。

（2）私拉乱接等违规用电导致人员触电。

（3）抢修电力设备时抢修人员靠近、接触带电设备或正在抢修的电力设备被用电客户反供电。

5. 环境因素

（1）燃料、有毒气体及危险材料等有毒有害物质的危害。如果灾害现场的危险物得不到合理正确的处置，则会产生更大的危害。为了减少不必要的损失，应急抢险人员要提前获取灾区油库、污染物、化工厂、特殊的化学物质地点等发布的有毒有害物质泄露信息，特别对一些地下输油和输气管道的埋设及通道情况要提前获知，必要时进行现场勘察，并采取相应的防护措施。如果遇到有毒物质或有毒气体（如一氧化碳等）泄漏的情况，应急队员不得擅自处理，必须由专业人员进行处理。

（2）陌生环境影响。应急抢险人员大都从外地赶赴地震地质灾害现场，不熟悉地震地质灾害地区环境。同时由于受到地震地质灾害的影响，泥石流、堰塞湖等造成地形地貌发生改变。因此，在出发前及赶赴现场过程中，尽可能从各个渠道了解地震地质灾害现场以及道路交通情况，同其他应急队伍保持联系，掌握翔实的第一手资料，快速安全到达应急抢险现场，同时服从政府应急部门和现场交通管理人员的安排，制定快速复电抢修方案，便于下一步开展快速复电抢修工作。

（3）气候因素。①持续高温、低温、暴雨等恶劣天气会影响应急抢险进度，对应急抢险人员造成伤害。②应急抢险人员长期暴露在紫外线照射下有晒伤风险。③持续暴雨或地质灾害发生时伴随洪水灾害发生，导致应急抢险人员被洪水围困或冲走。

（4）灾区疾病传染。地震地质灾害后，食品污染，垃圾、粪便以及尸体如果得不到及时处理，灾区的杀菌消毒工作未及时有效开展，容易导致传染病的爆发和流行，可能导致霍乱、疟疾等疫情通过空气、水体和食物等传染应急抢险人员。

6. 间接影响因素

（1）交通风险。①地震地质灾害后，道路损毁变窄，车辆在崎岖、狭窄道路行驶中超速或强超、强会，导致车辆发生碰撞或翻车，造成人员伤亡。②应急抢险人员在崎岖、狭窄和滑湿的道路上行走，不慎跌倒摔伤。③对于交通阻塞的灾区，一方面救援人员在等待过程中山体塌方、落石砸伤等人身风险较高，另一方面应急物资无法及时到达，需人力搬运时，人身安全风险较高。

（2）应急联动风险。成功的应急行动离不开当地的应急管理机构以及灾民的支持。是否能够及时从应急联动部门获得交通、天气、灾民需求及应急配合等各种信息，得到协助处理可能发生的协调问题或矛盾等，是应急抢险工作能否顺利开展的重要因素。

（3）人为干扰因素。在应急过程中，围观或阻拦等都会对应急抢险工作造成一定的影响。因此，在应急抢险时，必须及时地疏散围观人员，必要时做好解释，确保应急抢险工作顺利进行。

（4）应急能力。①现场管理：抢修应急方案、现场岗位设置和人员结构搭配是否合理，对应急抢险效率以及快速复电会造成较大影响。②人的因素：一方面，在地震地质灾害的应急工作中，应急队伍应该具有信息采集、临时供电搭建、电力设施抢修的技术技能，同时还应具备简单的野外生存技能和自救互救技能。另外，作为应急队伍的一员，是否拥有积极的心态、良好的心理素质和自我心理调节能力也会对应急行动和应急安全造成重要影响。应急抢险人员的能力总体可归结为6个方面（即体力、经验、知识、技能、心理以及训练）的综合体现。③装备因素：不论应急抢险队伍拥有了多少装备，能够带到灾区现场的才算是可以使用的装备。应急现场是否配备有效的应急抢修装备，是应急工作及人身安全能否得到保障的重要因素。

（三）灾区一般规定

1. 明确现场区域划分，根据区域规则进入特定区域

灾区通常设置有救援区，这个区域只有搜救队中负责搜索以及进行救援工作的救援人员才能够进入，未经许可进入这个区域的搜救人员不得擅自进入。

2. 出入的道路

事先规划好一条清楚的进出道路。应该确保人员、装备、工具以及其他的后勤需求能够顺利出入。此外，对出入口应该进行有效的控制，防止无关人员进入应急抢修区域。

3. 医疗援助区

这是医疗小组进行手术以及提供其他医疗服务的地方，应急抢险人员应提前明确医疗救助服务区域和位置，以利于人员受到伤害时得到及时救治。

4. 人员集散区

暂时没有任务的应急抢险人员可以在这里进行休息与进食，一旦前方发生什么险情，这里的预备人员可以马上增援或者替换。

5. 装备集散区

这是一个储存、维修以及发放工具与装备的地方，设专人管理，防止装备物资丢失。

6. 危害消除

不同危害由对应专人负责消除，非专业人员不得擅自消除，避免自身伤害或扩大损失。

7. 个人防护

对于靠近液化气瓶和化学试剂瓶等，应该首先考虑它们的危险性是否在可以控制的范围之内，应急队是否配备了足够的处置设备以及个人的防护设备来保证安全性，否则，应该做出警戒标记，禁止进入危险区内，并不得轻易移动。

（1）对发现的危险源，应急队员应增加现场标记并报告相关人员。

（2）对于在污染区工作的应急抢险人员，应该注意自身的防护水平，比如佩

戴护目镜、防毒面具、防渗手套或者正压呼吸器等，防止皮肤接触危险品，或者吸入超过了安全范围的有毒气体。

（3）在救援过程中，对可能沾染了危险品的应急抢修工具以及个人防护装备还应该及时地洗销。

8. 防止次生衍生伤害

（1）行动过程中尽量远离储藏、堆放易燃易爆物品的地方，必须从附近通过时，遵守规定并快速轻便通过，严禁逗留。

（2）避免在垮塌路面、堤坝房屋围墙或家具等上行走。

（3）在山区，还应该远离悬崖峭壁，以免山崩和塌方时伤人。而且还应该离开大水渠以及河堤两岸，因为这些地方很容易发生比较大的地滑或者塌陷。

三、风险评估结果汇总

风险评估结果汇总见表2-1。

表2-1　风险评估结果汇总

序号	类别	风险描述	风险分布区域	风险后果	现有控制措施
1	物体打击	（1）邻近的受损建筑发生二次坍塌	行进途中、居住地	砸伤、死亡	①不靠近已经受损的建筑物，至少要和建筑物保持距离为建筑物高度的2/3；②明确现场区域划分，未经允许不得擅自进入救援区等特定区域；③尽量走规划好的进出道路；④在开阔安全的区域安置帐篷或睡觉；⑤配备医用纱布等急救药品
2		（2）山上滚、落石	通往应急抢险现场路途中、抢修现场	砸伤、设备受损	①行进过程专人监视，前方滚石时停车观察，上方滚石时加速通行，与地震地质灾害指挥部沟通获取山体受损信息；③无人机提前勘察
3		（3）山体滑坡、泥石流	通往应急抢险现场路途中、抢修现场	死亡	①密切关注当地天气变化情况，持续下雨天气勿盲目通过滑坡、泥石流的地区，行进过程专人监视，发现异常确认危险源排除后方可继续；②无人机提前勘察；③不进入已发生滑坡、泥石流的地区；④发生人员被困时高等专人指导施救；⑤配备医用纱布等急救药品
4		（4）通过、经过受损或高大建筑物时高处落物打击	通往应急抢险现场路途中	砸伤	①不靠近已经受损的建筑物，至少要和建筑物保持距离为建筑物高度的2/3；②明确现场区域划分，未经允许不得擅自进入救援区等特定区域；③尽量走先规划好的进出道路；④配备医用纱布等急救药品
5		（5）应急抢修过程中高处物体打击	抢修现场	砸伤	①现场工作人员偏戴安全帽，非工作现场根据现场具体情况制定临时拆除方案，不得在设备倒塌落区域逗留；②拆除受损设备部件前需进入工作现场，拆除人员互相配合，不得在部件设备倒塌落区域逗留；③尽量采用整体拆除的方式进行

续表

序号	类别	风险描述	风险分布区域	风险后果	现有控制措施
6		（1）道路坍塌	行进途中	人员摔落重伤	①通过与当地交管部门联系，提前知晓并规划好行进路线；②专人观察通行，发现异常，停止前行，确认无异常后方可通行；③配备医用纱布等急救药品
7		（2）攀爬杆塔受损	抢修现场	摔伤	①攀爬前检查杆根及拉线及杆塔本身是否完好，不能满足攀爬条件时不得攀爬；②利用受损杆塔工作前需要先打好临时拉线；③配备医用纱布等急救药品
8	高处坠落	（3）未正确使用防护措施	抢修现场	摔伤	①杆塔上作业转位不得失去安全带保护，根据现场情况增加速防坠器或备后备保护绳等防坠落装置；②地面监护人全程监控高处作业人员，发现不安全行为及时制止；③配备医用纱布等急救药品
9		（4）抓踩掉落不牢固杆塔构件	抢修现场	摔伤	①杆塔上作业转位不得失去安全带保护，根据现场情况增加速防坠器或备后备保护绳等防坠落装置；②杆塔上工作时，不许两手或两脚同时腾空，抓踩前看清再动作；③地面监护人全程监控高处作业人员，发现不安全行为及时制止；④配备医用纱布等急救药品
10	尖锐物品的刺伤和划伤	（1）掉落的尖锐物体	通往应急抢险现场路途中、抢修现场	轻伤	①观察同行，尽量不要从掉落的物品上踩过；②戴防刺穿鞋和手套，手在接触前看清再动作；③配备创可贴等急救药品
11		（2）清理或安装受损或尖利的部件	抢修现场	轻伤	①戴防刺穿鞋和手套，手在接触前看清再动作；②配备创可贴等急救药品

续表

序号	类别	风险描述	风险分布区域	风险后果	现有控制措施
12	触电	（1）接触到带电设备或导线的绝缘层破损部分	灾区	电击死亡	①遇断落导线或可能带电设备时绕行；②专人对临时用电开展隐患排查并及时排除隐患
13		（2）违规用电	灾区	电击死亡	①做好用电宣传工作，告知用户可以用电要求及常识；②不得在灾区擅自私接用电；③易燃易爆物品专人管理和使用，禁止临时委派非专业人员管理使用
14		（3）现场未验电装设接地线，客户反送电，抢修人员靠近、接触带电设备	抢修现场	电击死亡	①对工作地段开展现场勘察工作，明确带电设备和工作范围等；②现场履行验电手续并在工作地段两端装设接地线
15	环境因素	（1）燃料、有毒气体及危险材料等有毒有害物质的危害	灾区	中毒	①应急抢修人员提前获取灾区取油库、污染物、化工厂、特殊的化学物质地点等发布的有毒有害物质泄漏信息，特别对一些地下输油和输气管道的埋设及交通道情况要提前获知，必要时进行现场勘察，并采取相应的防护措施；②如果遇到有毒物质或有毒气体（如一氧化碳等）泄漏的情况，应急队员不得置身自处理，必须由专业人员进行处理
16		（2）陌生环境影响	通往应急抢险现场路途中	迷路失踪	①配备卫星电话，对讲机及移动电源；②在出发前及起赴现场过程中，尽可能从各个渠道了解地震地灾现场交通情况，同其他应急队伍保持联系；③同时服从政府应急部门和现场交通管理人员的安排，制定快速复电抢修方案，便于下一步开展快速复电抢修工作

续表

序号	类别	风险描述	风险分布区域	风险后果	现有控制措施
17	环境因素	（3）气候因素	灾区	中暑、冻伤、晒伤及淹溺	①夏天配备雨具，防中暑防晒药品；②冬天穿戴满足防寒需求；③密切关注当地天气变化情况，持续下雨天气勿通过首目通过洪水易发区域，不进入已发生洪水灾害的地区，发生人员被困时就近找高处攀爬或漂浮物自救，其余人员汇报指挥部并配合施救
18		（4）灾区疾病传染	灾区	疾病感染	①工业食品食用前进行保质期外观检查，超过保质期或破损受污染的不得食用；②喝瓶装水（桶装水），不喝当地自然水源，除非已明确可以饮用；③配备常用胃肠道疾病用药，向指挥部报告并及时送医；④发现有队员生病感染，向指挥长报告或及时送医；⑤避免接触已感染病人；⑥队员尽量避免长期接触或进入灾区；⑦进入灾区须配备专用防护设备
19	间接影响因素	（1）交通风险	通往应急抢险现场路途中	重伤	①严禁违章驾驶或野蛮开车，服从交通管制管理；②不允许单人出行，配备创可贴等急救药品，小运时做好个人防护；③及时获取现场信息
20		（2）应急联动风险	灾区	应急中断	①及时从应急联动部门获取交通、天气、灾民需求及应急配合等各种信息；②提前沟通协助处理可能发生的协调问题或矛盾等
21		（3）人为干扰因素	灾区	应急受阻	①划定工作区域；②及时地疏散围观人员，设置现场岗位警戒和人员结构搭配，必要时做好解释，确保应急抢险工作顺利进行
22		（4）应急能力	灾区	应急效率低下	①合理制定抢修应急方案，设置现场岗位，培训和演练工作；②提前做好应急人员筛选，培训和演练工作；③根据应急需求调配应急物资；④专用物品需专人保管，私人物品需随身携带或委托专人看管

第四节　地震知识与救灾现场心理疏导

一、地震基本知识

（一）地震的定义

地震又称地动、地振动，是地壳快速释放能量过程造成的振动，期间会产生地震波的一种自然现象。

（二）地震的成因

1. 地球的构造

地球具有层状构造，从外到内依次为地壳、地幔（上地幔和下地幔）、地核（内核和外核）。

2. 地震的成因

地壳岩层受力后快速破裂错动引起地表振动或破坏。

（三）地震的分类

1. 构造地震

构造地震是由于岩层断裂，发生变位错动，在地质构造上发生巨大变化而产生的地震，也叫断裂地震。破坏力巨大，约占全球地震的90%以上。

2. 火山地震

火山地震是由火山爆发时所引起的能量冲击，而产生的地壳振动。火山地震有时也相当强烈。但这种地震所波及的地区通常只限于火山附近的几十公里远的范围内，而且发生次数也较少，只占地震次数的7%左右，所造成的危害较轻。

3. 陷落地震

陷落地震是由于地层陷落引起的地震。这种地震发生的次数更少，只占地震总次数的3%左右，震级很小，影响范围有限，破坏也较小。

4. 诱发地震

诱发地震是在特定的地区因某种地壳外界因素诱发（如陨石坠落、水库蓄水、深井注水）而引起的地震。

5. 人工地震

人工地震是由地下核爆炸、炸药爆破等人为引起的地面振动，是由人为活动引起的地震。如工业爆破、地下核爆炸造成的振动；在深井中进行高压注水以及大水库蓄水后增加了地壳的压力，有时也会诱发地震。

（四）地震大小的衡量标准

1. 震级

震级指地震大小，通常用字母C表示。地震越大，震级数字也越大，世界上已发生的地震最大的震级为9.5级。它是根据地震波记录测定的一个没有量纲的数值，用来在一定范围内表示各个地震的相对大小（强度）。

用地震释放的能量来表示地震的大小，即地震的震级。震级大的地震，释放的能量多；震级小的地震，释放的能量少。中国一般采用里氏震级。

2. 地震烈度

地震烈度指地震时某一地区的地面和各类建筑物遭受到一次地震影响的强弱程度。

一个地区的烈度，不仅与这次地震的释放能量（即震级）、震源深度、距离震中的远近有关，还与地震波传播途径中的工程地质条件和工程建筑物的特性有关。

（五）地震的专业术语

1. 震源

地球内部直接产生破裂的地方称为震源，它是一个区域，但研究地震时常把它看成一个点。地面上正对着震源的那一点称为震中，它实际上也是一个区域。

2. 震中

仪器记录测定的震中称为微观震中，用经纬度表示；根据地震宏观调查所确定的震中称为宏观震中，它是极震区（震中附近破坏最严重的地区）的几何中心，也用经纬度表示。由于方法不同，宏观震中与微观震中往往并不重合。1900年以前没有仪器记录时，地震的震中位置都是按破坏范围而确定的宏观震中。

3. 震中距

从震中到地面上任何一点的距离叫作震中距。同一个地震在不同的距离上观察，远近不同，叫法也不一样。

4. 震源深度

震源深度是从震源到地面（震中）的垂直距离。根据震源深度可以把地震分为浅源地震、中源地震和深源地震。

5.地震三要素

地震三要素包括地震的发震时刻、震级和震中。

（六）地震带的分布

我国处于环太平洋地震带、地中海—喜马拉雅山地震带，地震极为活跃，历史上发生过唐山大地震，5·12汶川大地震等破坏力巨大的地震。

云南地处印度板块和欧亚板块碰撞带的东南侧，是主要的受力区域，是我国地震最多、震灾最重的省份之一，并具有频度高、强度大、分布广、震源浅、灾害重的特征。

二、地震前兆

（一）小震频繁

有的大地震发生前几天或几小时，会发生一系列小地震，多则可达几十至几百次，地质学家称它们为前震。

一般来说，在强震发生前数月或数日存在前震现象。因此，通过观察大震前一系列小震，预报大震，并设法预防大震。

（二）地下水异常

1975年2月4日，海城地震之前，先后发现467口井水位发生升降变化。其原因是震区范围的地下含水岩石在受到强烈的挤压或拉伸，引起地下水的重新分布，出现水位的升降和各种物理性质和化学性质的变化，使水变味、变色、混浊、浮油花、出气泡等。

（三）动物行为异常

许多动物的某些器官感觉特别灵敏，它们能比人类提前知道一些灾害事件的发生。那些感觉十分灵敏的动物，在感触到地震前地下岩层发生的蠕动时发生的低频声波，便会惊恐万分、狂躁不安，以致出现冬蛇出洞，鱼跃水面，猪牛跳圈，在浅海处见到深水鱼或陌生鱼群，鸡飞狗跳等异常现象。

（四）地光异常

一般地光出现的范围较大，多在震前几小时到几分钟内出现，持续几秒钟。中国海城、龙陵、唐山、松潘等地震时及地震前后都出现了丰富多彩的发光现象。

（五）大气异常

人们常形容地震预报科技人员是"上管天，下管地，中间管空气"，这的确有道理。地震之前，气象也常常出现反常。主要有震前闷热，人焦灼烦躁，久旱不雨或阴雨绵绵，黄雾四散，日光晦暗，怪风狂起，六月冰雹（飞雪）等。

（六）电磁场异常

电磁场异常指地震前家用电器，如收音机、电视机、日光灯等出现的异常。最为常见的电磁场异常是收音机失灵，在北方地区日光灯在震前自明也较为常见。

三、如何避震

（一）避震

1. 震时保持冷静，震后走到户外

这是避震的国际通用守则，国内外许多起地震实例表明，在地震发生的短暂瞬间，人们在进入或离开建筑物时，被砸死砸伤的概率最大。因此，室内避震条件好的，首先要选择室内避震。如果建筑物抗震能力差，则尽可能从室内跑出去。

切不能盲目避震，震时不要乘电梯、不要盲目跳窗跳楼、不要拥挤在楼道、过道上。

2. 室内避震要选择好的位置

（1）避震应选择室内结实、能掩护身体的物体下、易于形成三角空间的地方，开间小、有支撑的地方。

（2）当躲在厨房、卫生间这样的小开间时，尽量离炉具、煤气管道及易破碎的碗碟远些。

（3）若厨房、卫生间处在建筑物的犄角旮旯里，且隔断墙为薄板墙时，就不要把它选择为最佳避震场所。

（4）不要钻进柜子或箱子里，因为人一旦钻进去后便立刻丧失机动性，视野受阻，四肢被缚，不仅会错过逃生机会还不利于被救。

（5）不能躺卧在地板上，人体的平面面积加大，被击中的概率要比站立大5倍，而且很难机动变位。

3. 近水不近火，靠外不靠内

（1）不要靠近煤气灶、煤气管道和家用电器。

（2）不要选择建筑物的内侧位置，尽量靠近外墙，但不可躲在窗户下面。

（3）尽量靠近水源处。

（4）如果被困，要设法与外界联系，除用手机联系外，可敲击管道和暖气片。

4. 室外避震要避开危险之处

地震发生时，室外避震要保护好头部，迅速撤离到开阔、安全的地方去。在繁华街、楼区，最危险的是玻璃窗、广告牌等物体掉落下来砸伤人。要注意用手或手提包等物品保护好头部。

（二）自救

1. 保持清醒

被困时，保持头脑清醒，设法将手脚挣脱出来，消除压在身上的物体，尽快捂住口鼻，防止烟尘窒息。

2. 想方设法支撑可能坠落的重物

若无力自救脱险时，应尽量减少体力消耗，等待救援。

3. 合理呼救

切勿大声呼救，要保存体力，延续生命。可以通过敲击管道、暖气片等来与外界联系。

4. 消除恐惧、坚定信念

消除恐惧心理，相信自己有坚定的生存毅力；相信很快就会有人来救自己，自己一定可以脱离险地。

（三）互救

（1）注意听被困人员的呼喊、呻吟、敲击声。

（2）根据房屋结构，确定被困人员的位置，再进行抢救，以防止意外伤亡。

（3）先抢救建筑物边沿瓦砾中的幸存者，及时抢救那些容易获救的幸存者，以扩大互救队伍。

（4）外援抢救队伍应当首先到达那些容易获救的医院、学校、旅社、招待所等人员密集的地方。

（5）救援讲究方法。首先应使头部暴露。迅速清除口鼻内尘土，防止窒息，再进行抢救，不可用利器刨挖。

（6）对于埋压废墟中时间较长的幸存者，首先应输送饮料，然后边挖边支撑，注意保护幸存者的眼睛。

（7）对于颈椎和腰椎受伤的人，施救时切忌生拉硬抬。

（8）对于那些一息尚存的危重伤员，应尽可能在现场进行救治，然后迅速送往医院或医疗点。

四、救灾现场的心理辅导

（一）地震的威力

（1）道路破坏。地震的巨大破坏力往往会造成道路毁坏。

（2）房屋倒塌。

（3）人员伤亡。

（4）地震突破了人的正常心理防线。

（5）救灾过程中的心理反应：①恐惧。②冷漠、麻木。③无助感。④悲伤。⑤内疚、罪恶感。⑥愤怒。⑦抑郁。

（二）心理自我调节法

1. 自我安全确认

在救灾过程中，余震不断，这时救援人员往往会陷入深深的恐惧中，害怕余震会危及到自己的生命，因此，自我安全的确认可以减轻我们的恐惧。

2. 转移注意力

转移自己的注意力，尽量让自己不要去想地震带来的破坏与人员伤亡的惨状。

3. 行动转移

将愤怒、恐惧等转移到救灾行动上来。

4. 自我释放

救灾过程中，可以在空旷的地方大声吼叫，或者有条件的时候对着沙包、人面头像等猛击几拳，松弛神经功能。

（三）心理互助调节

1. 互相确认安全

在救灾过程中，在确认安全的前提下，互相传达"你是安全的"的信息。

2. 互相传递信息

在救灾过程中，往往很难获取外界信息，也很难与家人联系。这时，救灾队员之间应互相传递外界信息，并尽可能与家人保持联系，以减轻救灾人员的恐惧、冷漠与麻木。

3. 互相鼓励发泄情绪

互相鼓励救援者发泄自己的情绪，但不要强求。

4. 相互倾诉

相互倾诉，耐心倾听，一起分担悲痛。

5. 互相督促休息

救灾人员在救援过程中精力高度集中，往往连续抢修数小时，顾不上休息。

此时，救援小组的管理人员要督促队员做好休息。

6. 不要突然调离、调整组员

突然调离或者调整组员，往往会对他们构成额外的心理负担。

7. 合理分工，不懈怠

救灾工作负责人要合理安排救灾人员，结合救灾人员技术技能特点、身体状况、安全意识等合理分组。

救灾人员切勿窝工、怠工，要互相帮助。

第五节　应急现场自救互救

一、自救互救概念

（一）现场自救互救的定义

自救互救又称为现场救护，是指医疗急救人员未到达前，目击者利用现场的人力、物力，对伤病者施行初步的援助或救护。现场自救互救的基本主体以心肺复苏为主，包括创伤救护的基本技能、意外伤害和突发急症的救护知识。

（二）现场自救互救的目的

（1）抢救生命，降低死亡率。

（2）防止伤势或伤情恶化。

（3）减轻病痛，降低伤残率，促进复原。

（三）现场救护的原则

（1）观察环境，确保自己和伤病员的安全。

（2）保持冷静，快速检查伤病员，果断实施救护措施。

（3）先处理重伤者，再处理轻伤者。

（4）先抢救生命，再处理局部损伤。

（四）现场自救互救步骤

（1）观察环境：环境安全、事件起因、受伤人数。

（2）迅速进行基本检查：清醒程度、气道是否通畅、有无呼吸、有无颈动脉；搏动、有无大出血、受伤部位检查。

（3）寻求帮助：高声呼救，请身边的人拨打呼救电话并协助抢救。

（4）初步处理：采取初步的救护措施。

（5）详细检查。

（6）送往医院。

二、心肺复苏技巧

（一）心肺复苏的定义

心肺复苏（CPR）是心肺复苏技术的简称，是对心跳、呼吸骤停所致的临床死亡者，为恢复其心跳、呼吸所采取的一系列及时、规范、有效抢救措施的总称。心肺复苏包括基础生命支持、高级生命支持、持续生命支持三部分。

（二）做心肺复苏的目的

心搏骤停是指各种原因引起的、在未能预计的情况和时间内心脏突然停止搏动，从而导致有效心泵功能和有效循环突然中止，引起全身组织细胞严重缺血、缺氧和代谢障碍，心搏骤停不同于任何慢性病终末期的心脏停搏，若及时采取正确有效的复苏措施，伤者有可能被挽回生命并得到康复。

心搏骤停一旦发生，如得不到及时地抢救复苏，4~6min后会造成伤者脑和其他重要器官组织的不可逆的损害，因此心搏骤停后的心肺复苏必须在现场立即进行，为进一步抢救直至挽回心搏骤停伤病员的生命而赢得最宝贵的时间。

（三）判断心搏骤停的依据

伤者突然意识丧失、四肢抽搐：

（1）心脏停搏10~15s即出现脑缺氧而引起意识丧失。

（2）大动脉（颈动脉）搏动消失。

（3）叹息样呼吸、间断呼吸或呼吸停止，呼吸停止多发生在心脏停搏20～30s：

1）叹息样呼吸：常呼吸节律中插入1次深大呼吸并常伴有叹息声的呼吸。

2）间断呼吸：有规律地呼吸几次后，突然暂停呼吸，周期长短不同，随后又开始呼吸，如此反复交替出现。

（4）紫绀，瞳孔散大。心脏停搏45s出现紫绀，1～2min瞳孔散大。

（四）急救现场心肺复苏方法

1. 评估现场安全

抢救者在确认现场安全的情况下轻拍伤者的肩膀，并大声呼喊"你还好吗"，检查伤者是否有呼吸。如果没有呼吸或者没有正常呼吸（即只有喘息），立刻启动应急反应系统。对无反应且无呼吸或无正常呼吸的成人，立即启动急救反应系统并开始胸外心脏按压，如图2-1所示。

2. 脉搏检查

对于非专业急救人员，不再强调训练其检查脉搏，只要发现无反应的伤者没有自主呼吸就应按心搏骤停处理。

图2-1　评估现场安全

3. 开放气道A（airway）

（1）清理呼吸道。将伤者头侧向一方，用右手食指清理口腔内异物，如图2-2所示。

图2-2   清理呼吸道异物

（2）开放气道。开放气道方法为仰面抬颏法、托颌法。常用仰面抬颏法，方法为抢救者左手小鱼际置于伤者前额，手掌用力向后压使其头部后仰，右手中指、食指剪刀式分开放在伤者颏下并向上托起，使气道伸直，颈部损伤者禁用，以免损伤脊髓，如图2-3所示。

图2-3   开放气道

4．人工呼吸B（breathing）

常用的人工呼吸方法有两种，即口对口呼吸和口对鼻呼吸。

（1）口对口呼吸。根据伤者的伤情选择打开气道的方法，伤者取仰卧位，抢救者一手放在伤者前额，并用拇指和食指捏住伤者的鼻孔，另一手握住颏部使头尽量后仰，保持气道开放状态，然后深吸一口气，张开口以封闭伤者的嘴周围，向伤者口内连续吹气2次，每次吹气时间为1～1.5s，吹气量700～1000ml，直到胸廓抬起，停止吹气，松开贴紧伤者的嘴，并放松捏住鼻孔的手，将脸转向一旁，用耳听是否有气流呼出，再深吸一口新鲜空气为第二次吹气做准备，当伤者呼气完毕，即开始下一次同样的吹气，如图2-4所示。

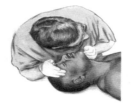

图2-4　口对口呼吸

（2）口对鼻呼吸。当伤者有口腔外伤或其他原因致口腔不能打开时，可采用口对鼻吹气，其操作方法是：首先开放伤者气道，头后仰，用手托住伤者下颌使其口闭住。深吸一口气，用口包住伤者鼻部，用力向伤者鼻孔内吹气，直到胸部抬起，吹气后将伤者口部张开，让气体呼出。如吹气有效，则可见到伤者的胸部随吹气而起伏，并能感觉到气流呼出。

5.　胸外按压C（circulation）

（1）准备：迅速使伤者平卧，有条件的，在胸部下垫按压板，垫脚凳。

（2）胸外按压30次（17s内完成）：①部位：两乳头连线的中点或剑突上两横指，如图2-5所示。②手法：采用双手叠扣法，肘关节伸直，借助身体之重力向伤者脊柱方向按压，按压应使胸骨下陷4～5cm后，突然放松。按压频率100次/min。单人抢救时，每按压30次，俯下做口对口人工呼吸2次（30:2）。按压5个循环周期（约2min）对病人作一次判断，主要触摸颈动脉（不超过5min）与观察自主呼吸的恢复（3～5s）。双人抢救时，一人负责胸外心脏按压，另一人负责维持呼吸道通畅，并做人工呼吸，同时监测颈动脉的搏动，两者的操作频率比仍为30:2，按压方法如图2-6所示。

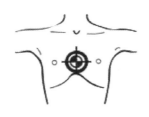

图2-5　按压部位—胸骨下段　　　　图2-6　按压方法

6. 心肺复苏有效指标

（1）颈动脉搏动：按压有效时，每按压一次可触摸到颈动脉一次搏动，若中止按压搏动亦消失，则应继续进行胸外按压，如果停止按压后脉搏仍然存在，说明伤者心搏已恢复。

（2）面色（口唇）：复苏有效时，面色由紫绀转为红润，若变为灰白，则说明复苏无效。

（3）其他：复苏有效时，可出现自主呼吸，或瞳孔由大变小并有对光反射，甚至有眼球活动及四肢抽动。

7. 心肺复苏术终止抢救的标准

现场心肺复苏应坚持不间断地进行，不可轻易做出停止复苏的决定，只有符合下列条件者，现场抢救人员才可考虑终止复苏：

（1）伤者呼吸和循环已有效恢复。

（2）无心搏和自主呼吸，心肺复苏在常温下持续30min以上，急救人员到场确定伤者已死亡。

（3）有急救人员接手承担复苏或其他人员接替抢救。

8. 心肺复苏术抢救的时间和效果

心肺复苏术抢救的时间和效果见表2-2。

表2-2　心肺复苏术抢救的时间和效果

心肺复苏开始的时间	心肺复苏成功率
1min内	＞90%
4min内	60%
6min内	40%
8min内	20%
10min内	0

三、创伤急救技术

创伤急救基本技术是救护者在现场紧急处置伤员的技能，包括止血、包扎、固定、搬运技术四项。

（一）止血

1. 出血分类

出血分为内出血和外出血两种。

（1）内出血：若伤者没有明显的出血，却有休克症状，应考虑有大量内出血，如肝、脾破裂，应立即送往医院由医生处理。

（2）外出血：是指血液从血管内流到体表，在现场根据出血情况可用加压包扎止血、指压止血、止血带止血法进行止血处理后再送往医院。

2. 外出血

外出血是很常见的，外出血根据出血性质不同分为动脉出血、静脉出血和毛细血管出血，如图2-7所示。

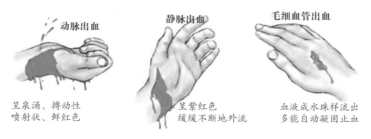

动脉出血　　　　　静脉出血　　　　毛细血管出血

呈泉涌、搏动性　　呈紫红色　　　　血液成水珠样流出
喷射状、鲜红色　　缓缓不断地外流　多能自动凝固止血

图2-7　外出血的三种性质

（1）动脉出血速度快，出血量大，可见喷射样出血，血液含氧丰富呈鲜红色，如不能及时、有效地止血，很快就有生命危险。

（2）静脉出血速度较慢，缓缓流出，血液含氧量少呈暗红色。

（3）毛细血管出血速度缓慢，慢慢从创面渗出，容易止血。

3. 出血情况判断

正常人体血液量约为自身体重的7% ~ 8%，体重60kg者有血液4500ml左右，如果一次失血量达20%（约800ml），就会出现轻度休克，病员神志清楚，自诉口渴，皮肤苍白，心慌、脉搏快而有力，出现体位性低血压。

如果一次失血量达30%（1200ml），病员则会中度休克，表现为神志淡漠，烦躁不安，口渴明显，皮肤苍白，皮肤温度降低。

如果一次失血量达40%（1600ml），伤者就会重度休克，有生命危险，表现为反应迟钝，甚至昏迷。皮肤冰冷呈青灰色或伴有瘀血。呼吸急促，脉搏细速。

一次出血超过2000ml以上，就会出现头昏、眼花、晕厥、四肢无力、血压下降、意识不清等休克症状，如不及时抢救就会死亡。

所以一旦意外发生，在没有医护人员的情况下，应该先将伤员转移到安全地方，并且控制出血、维持血量、防止休克。

4．止血操作要点

（1）操作者尽可能戴上医用手套，如无医用手套，可用干净塑料袋或布片等作为隔离层防止血液污染。

（2）脱去或剪开伤者衣服，暴露伤口，检查出血部位。

（3）根据伤口出血的部位，采用不同的止血法止血。

（4）不要对嵌有异物或骨折断端外露的伤口直接压迫止血。

（5）不要去除血液浸透的敷料，而应在其上另加敷料并保持压力。

（6）肢体出血应将受伤区域抬高到超过心脏的高度。

（7）如必须用裸露的手进行伤口的处理，在处理完后，清洗双手。

（8）止血带在万不得已的情况下方可使用。

5．常用的止血材料

常用的止血材料有三角巾、纱布、橡皮止血带等，如图2-8所示。在急救现场可选用创可贴、毛巾、头巾、衣服、丝巾、领带、手帕等。

图2-8　三角巾、纱布、橡皮止血带

6．止血方法

（1）加压包扎止血法。适用于全身各处的小动脉、小静脉、毛细血管出血。用敷料或其他洁净的毛巾、手绢、三角巾等覆盖伤口，加压包扎达到止血的目的。

（2）直接压迫法：通过直接压迫出血部位而达到止血的目的。

（3）间接压迫法：通过间接压迫出血部位周围而达到止血目的的方法，通常用于伤口内有小刀、碎玻璃片等异物时。

（4）指压止血法。用手指压迫伤口近心端的动脉，阻断动脉血运，能有效地达到快速止血的目的，主要用于出血较多的伤口。

（5）止血带止血法。止血带能有效地控制四肢出血，但操作不慎可导致肢体坏死，仅用于暂时不能用其他方法控制的四肢大血管损伤性出血，止血带止血法有三种：①橡皮止血带止血法。②压脉止血带止血法。③绞棒止血法。

注意：扎止血带时间越短越好，一般不超过1h，如必须延长，则应每隔1h左右放松1～2min，且总时间最长不超过3h，扎好止血带后必须做出显著标志，注明使用止血带的时间；避免勒伤皮肤，用止血带时应先在缚扎处垫上衬垫。

缚扎部位原则是，尽量靠近伤口以减少缺血范围，但上臂止血带不能缚扎在中下1/3处，而应在上1/3处，以免损伤桡神经；缚扎止血带松紧度要适宜，以出血停止、远端摸不到动脉搏动为准。过松达不到止血目的，且会增加出血量，过紧则易造成肢体肿胀和坏死。

前臂和小腿一般不适用止血带，因有两根长骨，使血流阻断不全。所以，应用止血带的部位实际上只能是大腿或上臂上1/3处；严禁使用非弹性的绳索、电线，甚至铁丝等物；在松开止血带时应缓慢松开，并观察是否还有出血，切忌突然完全松开，以免大出血。

（6）填塞止血法。对深部伤口出血、软组织内的血管损伤出血，一定要用大块纱布、无菌绷带等敷料填入伤口内压紧，外面再进行加压包扎，以防止血液沿组织间隙渗漏。

（二）包扎

包扎是外伤救护的重要环节，它可以起到快速止血、固定敷料、托扶伤肢、保护伤口、防止感染、减轻疼痛的作用，有利于伤员的转运和进一步治疗。

1. 包扎常用的材料

包扎常用的材料有三角巾、绷带。在急救现场可选用毛巾、头巾、衣服、丝巾、领带、手帕等，如图2-9所示。

图2-9　包扎常用的材料

2. 绷带包扎法

绷带包扎法主要用于四肢及手、足部伤口的包扎及敷料、夹板的固定等。

（1）环形包扎法。常用于肢体较小部位的包扎，或用于其他包扎法的开始和终结。如图2-10所示，包扎时打开绷带卷，把绷带斜放在伤肢上，用手压住，将绷带绕肢体包扎一周后，再将带头和一个小角反折过来，然后继续绕圈包扎，第二圈盖住第一圈，包扎4圈即可。

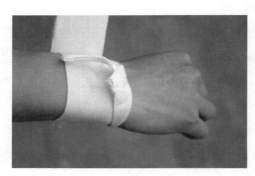

图2-10　环形包扎法

（2）8字形包扎法。用于关节附近的包扎。如图2-11所示，在关节上方开始做环形包扎数圈，然后将绷带斜行缠绕，一圈在关节下缠绕，两圈在关节凹面交叉，反复进行，每圈压过前一圈的一半或三分之一。

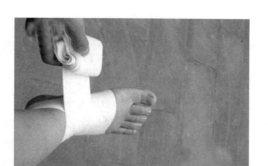

图2-11　8字形包扎法

（3）螺旋包扎法。多用于前臂和小腿等肢体粗细差别不大的部位。如图2-12示，绷带卷斜行缠绕，每卷压着前面的一半或三分之一。

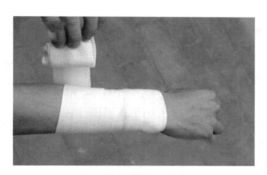

图2-12　螺旋包扎法

（4）螺旋反折包扎法。主要用于上肢和大腿等肢体粗细相差较大的部位。如图2-13所示，做螺旋包扎时，用一拇指压住绷带上方，将其反折向下，压住前一圈的一半或三分之一。

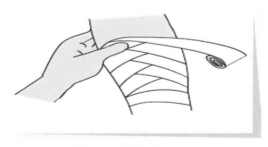

图2-13　螺旋反折包扎法

3. 三角巾包扎法

依据伤口不同部位，采用不同的三角巾包扎方法，常见的有：

（1）头顶部伤口：采用帽式包扎法，如图2-14所示，将三角巾底边折叠约3cm宽，底边正中放在眉间上部，顶尖拉向枕部，底边经耳上向后在枕部交叉并压住顶角，再经耳上绕到额部拉紧打结，顶角向上反折至底边内或用别针固定。

图2-14　帽式包扎法

（2）头顶、面部或枕部伤口：采用风帽式包扎法，如图2-15所示，将三角巾顶角打结放在额前，底边中点打结放在枕部，底边两角拉紧包住下颌，再绕至枕骨结节下方打结，称为风帽式包扎法。

图2-15　风帽式包扎法

（3）肩部伤口：可用燕尾式包扎法。如图2-16所示，将三角巾折成燕尾式放在伤侧，向后的角稍大于向前的角，两底角在伤侧腋下打结，两燕尾角于颈部交叉，至健侧腋下打结。

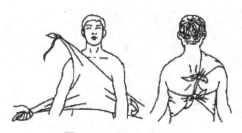

图2-16　燕尾式包扎法

（4）前臂外伤或骨折：采用前臂大悬吊带（大手挂）包扎法，如图2-17所示，将三角巾平展于胸前，顶角与伤肢肘关节平行，屈曲伤肢，提起三角巾下端，两端在颈后打结，顶尖向胸前外折，用别针固定。

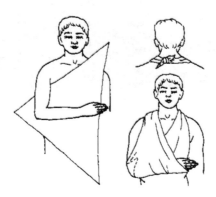

图2-17 前臂大悬吊带包扎法（大手挂）包扎法

（5）骨、肱骨骨折、肩关节损伤和上臂伤：采用前臂小悬吊带（小手挂）包扎法，如图2-18所示，将三角巾叠成带状，中央放在伤侧前臂的下1/3，两端在颈后打结，将前臂悬吊于胸前。

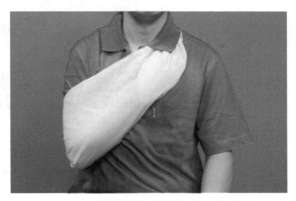

图2-18 前臂小悬吊带（小手挂）包扎法

（6）手、足三角巾包扎法，如图2-19所示，将手或足放在三角巾上，与底边垂直，反折三角巾顶角至手或足背，底边缠绕打结。

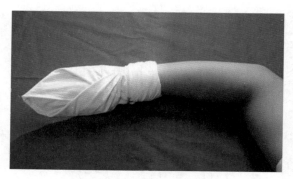

图2-19　手、足三角巾包扎法

（三）固定

正确良好的固定能减轻骨折伤者的疼痛，减少出血，防止损伤脊髓、血管、神经等重要组织，有利于伤员转运后的进一步治疗。

1. 材料

现场常用的固定材料有夹板、木板、书、布条等，如图2-20所示。

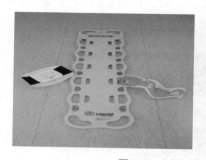

图2-20　应急现场常用的固定材料

2. 骨折判断

以下三种体征只要发现其中之一即可确诊骨折。

（1）畸形。骨折端移位可使患肢外形发生改变，主要表现为缩短、成角、延长。

（2）异常活动。正常情况下肢体不能活动的部位，骨折后出现不正常的活动。

（3）骨擦音或骨擦感。骨折后两骨折端相互摩擦撞击，可产生骨擦音或骨擦感。

3. 固定原则

（1）首先检查伤者的意识、呼吸、脉搏及处理严重出血。

（2）若伤者骨断端外露，不要随意拉动，更不要将其送回伤口内，应包扎伤口以免加重感染。

（3）用绷带、三角巾、夹板固定受伤部位，固定伤肢时夹板的长度应能将骨折处的上下关节一同加以固定；暴露肢体末端，以便观察血液循环情况。

（4）固定好伤肢后，尽可能将伤肢抬高减少出血和肿胀。

4.　操作要点

（1）要根据现场的条件和骨折部位采取不同的固定方式。

（2）固定要牢固，不能过紧或过松。

（3）在骨折和关节处要加衬垫，防止皮肤压伤。

（4）现场无夹板等制式材料时，可就地取材，用树枝、木板、布条等物固定伤者，甚至可以通过将伤肢捆扎于健侧肢体上达到固定效果。

5.　固定的主要方法

（1）夹板固定法［图2-21（a）］。

（2）三角巾固定法［图2-21（b）］。

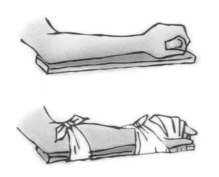 

（a）夹板固定法　　　　　　　　（b）三角巾固定法

图2-21　夹板固定法和三角巾固定法示意

（3）锁骨骨折固定法。

（4）复杂性肋骨骨折固定法。

（5）上臂骨折固定法。

（6）前臂骨折固定法。

（7）骨盆骨折固定法。

（8）下肢骨折固定法。

（9）颈椎、腰椎损伤固定法。

（四）搬运

搬运是现场救护的重要手段之一，也是伤者能否安全到达医院而获得全面救治的重要途径。正确的搬运能减少伤者的痛苦，挽救生命，而错误的搬运方法则可能造成更大的损伤，甚至危及伤者的生命。

1. 搬运的原则

（1）迅速判断现场安全与否，并检查伤者的伤情。

（2）现场处理外伤时，应先止血、包扎、固定后再搬运。

（3）搬运伤者时的体位要适宜，不要无目的地移动伤者。

（4）搬运时保持伤者脊柱和肢体在一条直线上，防止损伤加重，动作要轻巧、平稳、迅速，注意伤情变化，并及时处理。

2. 操作要点

（1）现场紧急处理后，要根据伤者的伤情轻重和特点分别采取搀扶、背运、双人搬运等措施。

（2）怀疑伤者有脊柱、骨盆及双下肢骨折时，不要让伤者试行站立；怀疑有脊柱骨折的伤者，禁忌用一人抬肩，一人抬腿的方法；怀疑有肋骨骨折的伤者，不能采取背运的方法。

（3）伤势较重，伴有昏迷、内脏损伤、脊柱骨折、骨盆骨折、双下肢骨折的伤者应采取担架搬运方式，现场如无担架，可制作简易担架。

3. 常用工具

搬运伤者常用的工具有软担架、走轮担架、铲式担架、负压充气垫式固定担架。软担架如图2-22所示。

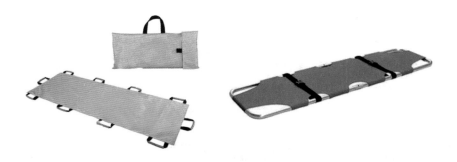

图2-22　软担架

在急救现场就地取材，用木板、床板、木棍、绳子、大衣等制作简易担架。

4. 搬运方法

对非创伤伤者，现场找不到担架，而转运路途较近，伤情较轻，可以采用徒手搬运法。但徒手搬运法，对于搬运者和伤者都比较劳累，尤其是对伤情较重及某些伤者如骨折、胸部创伤者，不可使用此法。

（1）单人搬运。适用于清醒、老幼体轻，而且没有骨折，伤势不重的伤者。短距离的搬运常用的有扶行法、背负法、抱持法、爬行法和拖行法等。如图2-23所示。

1）扶行法。适用于清醒而能够步行者，救护者在伤侧，与伤者并步行。救护者立于被救者一侧，使其靠近救护者的一臂揽着救护者的颈部，用救护者的同侧手牵住，另一手伸过被救护者背部，扶持其腰，使其身体略靠救护者。

2）背负法。清醒及可站立者，不便于行走，体重较轻者，伤者紧握自己手腕。如有上、下肢，脊柱骨折不能用此法。护者于被救者前方同向，微弯背部，将其背起；如果被救护者不能站立，则救护者躺于其一侧，一手紧握被救者肩部，另一手抱其腿，用力翻身，使其负于救护者背上后慢慢站起。

3）抱持法。体重较轻者，环抱上身及双腿。适于年幼伤者，体轻者没有骨折，伤势不重，是短距离搬运的最佳方法。救护者蹲在伤员的一侧，面向伤员，一只手放在伤员的大腿下，另一只手绕到伤员的背后，然后将其轻轻抱起。伤员如有脊柱或大腿骨折禁用此法。

4）爬行法。适用清醒或昏迷伤者。在狭窄空间或浓烟的环境下。

　　5）拖行法。适用于体重较重、体型较大的伤者。自己不能移动，现场又非常危险需要立即离开时，可用此法。非紧急情况下，勿用此种方法，以免造成伤者再一次的伤害，加重伤害。救护者抓住伤员的踝部或双肩，将伤员拖出现场。如伤员穿着外衣，可将其纽扣解开，把伤员身下的外衣拉至头下，这样拖拉时，可使伤员头部受到一定的保护。拖拉时不要弯曲或旋转伤员的颈部和后背。

（a）扶行法　　　　　　（b）背负法　　　　　　（c）抱持法

图2-23　单人搬运法

　　（2）双人搬运。双人搬运有前后扶持法（拉车式）、椅托法、四手座、平抱法。如图2-24所示。

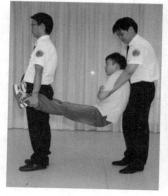　　

（a）前后扶持法　　　　　（b）椅托法　　　　　　（c）四手座

图2-24　双人搬运法

（3）三人或四人搬运。适用于骨折伤者的搬运，尤其是脊柱骨折的伤者。

搬运法：两名救护者位于伤者的一侧，单膝跪在其腰部、膝部，第三名救护者位于伤者另一侧，单膝跪在臀部，两臂伸向伤员臀下、膝部，同时站立，抬起伤者。若有颈椎骨折，第四名救护者牵引伤者头部。如图2-25所示。

图2-25 四人搬运

第六节 应急指挥与配合

一、应急指挥概念及原则

（一）应急指挥定义

应急指挥是指紧急情况下的指挥活动。在突发事件应急处置活动中，上级领导及其机关，对所属下级的应急活动和应对突发事件进行的特殊的组织领导活动。

（二）应急指挥原则

1. 先进性

当前各个系统技术发展迅速，新的设备不断涌现并趋于成熟，在满足实用性的基础上，起点要高，应尽量选用先进的技术及数码设施，将系统的技术水平定在一个较高的层次上，以适应未来发展的需要。在系统规划及选择设备时，应从一个较长的需求出发，以便使系统的发展相对稳定，也就是说当系统建成后，能在一个较长的时期内，保持相对稳定。

2. 实用性

在各个系统设计中，首先要考虑的是实用性和易操作性，确保使用当前技术成熟的设施和通信技术，工作人员熟悉的操作界面及其易学易懂的应用系统，只需通过简单的操作即可完成信息的接收和发送。实用性则保证系统的建设能在发挥应有的作用外，又不铺张浪费。

3. 可扩充性、可维护性

要为系统以后的升级预留空间，系统维护是整个系统生命周期中所占比例最大的，要充分考虑结构设计的合理、规范对系统的维护可以在很短时间内完成。

4. 经济性

在保证系统先进、可靠和高性能价格比的前提下，通过优化设计达到最经济性的目标。

5. 高可靠性

采用系统集成设计方式，选用成熟可靠、性能稳定的设备和配件，系统关键部分采用冗余设计，具备一定的容错能力及抗干扰能力，在设备选型、材料采购、施工方案中解决了防静电问题，满足了用户可靠性要求。

6. 易操作、易管理原则

提供良好的操作界面，方便用户操作，提高系统自动化管理能力，降低劳动强度。

二、应急指挥的作用

（一）应急指挥最重要的表现

（1）紧急情况下，运用正确的指挥而充分发挥有限的应急力量控制事态发展。

（2）体现出应急指挥在突发情况下减少损失、保护生命财产安全的作用。

（3）应急指挥应用到各个领域，每时每刻都在发挥着重大作用。

（二）应急指挥的时效性

2010年，我国面临事故频发、自然灾害连绵不断、灾情严重的严峻局面，应急指挥效率尤其重要。温家宝总理和他率领的应急指挥机构，总是第一时间出现在灾情的前线，充分体现了应急指挥的重要性和时效性，为我国抢险救灾工作作出了重大贡献。

三、应急指挥终端

通过将传统管理软件与智能手机的集成构建了移动平台，只用这一部能上网的手机，不管您在哪里，都可以随时随地地掌握你需要的每项业务和现在的运转情况。这个产品第二代将创造一个"移动指挥终端"概念，广泛应用于未来应急指挥领域。

四、指挥链

指挥链又称指挥系统，是与直线职权联系在一起的。从组织的上层到下层的主管人员之间，由于直线职权的存在，便形成一个权力线，这条权力线就被称作指挥链。由于在指挥链中存在着不同管理层次的直线职权，所以指挥链又可以被称作层次链。

（一）应急指挥链的两个原理

指挥链是一条权力链，它表明组织中的人是如何相互联系的，表明谁向谁报告。指挥链涉及两个原理：

（1）统一指挥。古典学者们强调统一指挥原则，主张每个下属应当而且只能向一个上级主管直接负责，不能向两个或者更多的上司汇报工作。否则，下属可能要面对来自多个主管的相互冲突的要求或优先处理的要求。

（2）阶梯原理。这一原理强调从事不同工作和任务的人，其权力和责任应该是有区别的。组织中所有人都应该清楚地知道自己该向谁汇报，以及自上而下的、逐次的管理层次。

统一指挥涉及谁对谁拥有权力，阶梯原理则涉及职责的范围。因此，指挥链是决定权力、职责和联系的正式渠道。

（二）应急指挥链对组织的影响

指挥链影响着组织中的上级与下级之间的沟通。按照传统的观念，上级不能越过直接下级向两三个层次以下的员工下达命令；反之亦然。现代的观点则认为，当组织相对简单时，统一指挥是合乎逻辑的。它在当今大多数情况下仍是一个合理的忠告，是一个应当得到严格遵循的原则。但在一些情况下，严格遵循这一原则也会造成某种程度的不适应性，妨碍组织取得良好的绩效。只要组织中每个人对情况都了解（知情），越级下达命令或汇报工作并不会给管理带来混乱，而且还能够使组织氛围更加健康，员工之间更加信任。

五、应急指挥系统（平台）构成

（一）应急指挥系统

（1）应急指挥系统是指政府及其他公共机构在突发事件的事前预防、事发应对、事中处置和善后管理。

（2）建立相应的应对机制，采取一系列必要措施，保障公众生命财产安全；促进社会和谐健康发展的有关活动。

（3）应急指挥系统可以提供全面的如：现场图像、声音、位置等具体信息。

（4）2006年1月8日国务院发布的《国家突发公共事件总体应急预案》，我国应急预案框架体系初步形成。

（5）应急能力及相应应急预案制定，标志着社会、企业、社区、家庭安全文化素质的程度。

（6）各地、企业、单位等都在建应急指挥系统。

（二）现代应急指挥系统的特点

（1）不是单一的指挥功能，而包括移动办公等功能。

（2）移动办公系统是以手机等便携终端为载体，将智能手机、无线网络、OA系统三者有机结合，实现任何时间、地点的无缝接入，提高办公效率。

（3）提供无线环境下的新特性功能。

（4）摆脱时间、空间的限制，提高效率、增强协作。

六、配合的重要性

配合是为一共同任务分工合作，协调一致地行动，配合作战。

（一）团队合作

1. 营造氛围

使每个队员都有一种归属感，有助于提高团队成员的积极性和效率。由于团队具有目标一致性，从而产生了一种整体的归属感。正是这种归属感使得每个成员感到在为团队努力的同时也是在为自己实现目标，与此同时也有其他成员在一起为这个目标而努力，从而激起更强的工作动机，所以对于目标贡献的积极性也就油然而生，从而使得完成效率比个人单独时要高。

2. 能力提升

大部分人都有受尊敬的心理，都有不服输的心理，都有精益求精的欲望。这些心理因素都不知不觉地增强了成员的上进心，使成员都不自觉地要求自己进步，力争在团队中做到最好，来赢得其他员工的尊敬。

3. 人多力量大

抢险中都不是一个人在战斗，毕竟人无完人，一个人的力量有限，一个人单打独斗难以把事情都做尽、做全、做大。但是多人分工合作，就会有人多力量大的优势，就可以把团队的整体目标分割成许多小目标，然后再分配给团队的成员去一起完成，这样就可以缩短完成大目标的时间而提高效率。

4. 行为规范

在团队内部，当一个人与其他人不同时，团队内部所形成的那种观念力量、氛围会对这个人施加一种有形和无形的压力，会致使他在心理上产生一种压抑和紧迫感。在这种压力下，成员在不知不觉中随同大众，在意识判断和行为上表现出与团队中大多数人的相一致，从而达到去约束规范和控制个体行为的目的。

（二）执行和服从

无论是什么时期，也无论是哪个国家，军人就是以服从命令为天职。可以说，服从与忠诚是军人具备的优秀品质之一，只有具备服从品质的人才会在接受命令之后，更好地发挥自己的主观能动性，想方设法完成任务，即便是完不成任务也绝不找借口推脱责任。

1. 企业和军队一样是一个有组织的团队

（1）有组织指挥、发布命令的机关，分为决策层、执行层和操作层。主要从事企业经营决策、协调引导发展方向，负责建章立制，并对实施起监督作用。

（2）指挥负责人主要是贯彻执行上级的命令指示，做到上情下达、下情上报，团结和带领团队完成各项任务。

（3）基层员工是组成企业的细胞、是企业的财富，是企业各项措施、指令和抢险任务的具体操作者、执行者，必须听从指挥员的命令和指挥，精心操作，实现抢险工作有序开展。

（4）作为员工，应该时刻了解自己的能力有多大，清楚服从命令对企业的价值理念、运营模式会有多么大的好处。所以说，不要给自己找任何借口和推卸责任的理由，抢险工作要的是结果，而不是再三地解释原因。

（5）在实际工作中，确实存在着部分员工服从意识淡薄，对上级的命令指示总喜欢讨价还价、讲条件的现象，这些不仅会使企业正常的指令得不到及时的贯彻执行，而且会使员工养成一种恶劣的自由主义风气，久而久之，会影响整体发挥，损害企业的整体竞争力。因此，员工一定要把服从作为自身职业素质和品德素质的重要内容加以修炼与提高，从自身做起，从小事做起，坚决服从上级的命令指示，做遵守纪律的好员工。

2. 领导者要以身作则

（1）员工必须服从和尊重团队的规定，但领导者更要以身作则。

（2）在企业里，我们着重强调的就是执行，但是这种执行并不是盲目的执行。在战场上，机会只有一次，所以军人对作战计划和战斗命令的执行都是全心全意的，绝不能有一丝一毫的疏忽。

（3）在商业竞争中，一次失败固然不足以导致一个企业的破产倒闭，但无论从物质上还是从精神上讲，每一次失败带来的教训和损失都是惨痛的。所以，在企业里同样要注重服从和执行，而且也要求全力以赴。

（三）现场配合

（1）对于公安、交警、城市管理、环境保护等部门，面对突发事件，电力部门承载的不仅仅是"灯亮"，更是国家财产与个体生命安全。

（2）针对地震地质灾害培训，如何实现统一部署，快速反应，把危害控制到最低，成为应急预案中考虑的首要环节。

（3）真正做到统一平台、统一通信、统一部署、统一指挥、统一调度。

（4）一切行动听指挥，与团队协作、配合。

模块三　应急供电技能

第一节　现场应急指挥部搭建

现场应急指挥部的基本组成和职责分述如下。

一、现场应急指挥部基本组成

当启动Ⅳ级及以上地震灾害应急响应时，供电局（县公司）应急指挥中心根据现场处置需求成立现场指挥部，现场指挥部人员组成可由事发单位单独组成，也可以由供电局相关人员与事发单位人员联合组成，现场指挥部设置相应的应急工作组，基本组成如下：

（1）应急巡抢组。

（2）安全巡查组。

（3）保供电、用电服务组。

（4）后勤、物资保障组。

（5）信息报送组。

（6）对外联络组。

注意：根据受灾情况及抢险需求，不局限成立以上小组，可增加相应的工作组。

二、机构职责

1. 现场指挥部主要职责

（1）负责建立相关应急工作组等机构，完善应急指挥组织体系。

（2）贯彻落实地方政府及供电局（县公司）应急指挥中心的相关决策和要求。

（3）代表供电局（县公司）应急指挥中心在现场行使决策和指挥职权，统筹领导现场相关应急工作，组织开展现场应急管理工作。

（4）负责管理和维持现场指挥部的正常运转。

（5）根据现场实际情况及需求，处置突发事件。

（6）承担供电局（县公司）应急指挥中心赋予的其他职责。

2. 应急巡抢组主要职责

（1）负责灾区线路、设备进行故障巡视。

（2）负责故障线路、设备进行抢修复电。

3. 安全巡查组主要职责

（1）负责灾区集中安置点、医院等重要地点临时供电线路的安全巡视，防范供电线路出现安全隐患。

（2）对重要抢修工作现场开展安全巡查，及时纠正不安全行为，防范抢修过程中发生人身伤害等不安全事件。

4. 保供电、用电服务组

（1）负责搭建灾区集中安置点、医院等重要地点的便民用电服务点。

（2）负责灾区集中安置点、医院等重要地点临时供电线路的展放及供电。

（3）负责受理灾区临时用电需求及开展灾区安全用电宣传。

（4）负责现场应急发电机的调配、安装及调试。

5. 后勤、物资保障组主要职责

（1）负责现场指挥部各级人员的生活保障。

（2）负责现场应急抢险物资的出入库管理及调配。

（3）负责收集现场指挥部各工作组的物资需求及上报。

6. 信息报送组主要职责

（1）负责收集各工作组的信息并上报至应急指挥中心。

（2）负责传达上级指挥部的工作指令及要求。

7. 对外联络组主要职责

（1）负责与政府现场应急指挥部进行联络，了解灾情及用电需求。

（2）负责与政府现场应急指挥部协调电力抢险的交通等保障需求。

（3）负责将电力抢险对外发布信息（必须经应急指挥中心审核通过）报送至政府现场应急指挥部。

第二节　应急电源搭建

一、汽油发电机

在地质灾害配电应急抢修中，小型发电机的功能是为指挥部、通信系统、小型用户、灾民区快速提供220V临时电源。

二、发电车

（一）发电车功能

在地质灾害配电应急抢修中，发电车的功能是为医院、大型用户、灾民区快速提供380V临时电源。

（二）发电车主要设备使用说明

1. 准备工作

（1）汽车处于停车状态，打开车厢前部左右两扇排风门并用挂钩固定，然后再打开车厢后部进风门上掀（液压支撑杆）。

（2）发动汽车，启动液压系统（如长时间停车需将汽车四个液压支撑杆放下，支撑汽车轮胎，保持在汽车底盘弹簧板正常弯曲状态）；操作后端电缆盘正反转将输出至负载端的连接电缆放下。

液压支撑及电缆绞盘的使用方法叙述如下。

液压系统如图3-1所示。液压支撑为四点位，电缆绞盘可正反转，取力器操作在驾驶室内汽车方向盘侧仪表盘上。

图3-1　发电车液压系统

1）使用前检查：系统使用前首先检查液压系统连接口，液压油位是否正常（四条支撑腿全部伸出时，液压油箱中油位不低于油位指示器下限的红线位置，收回时不少于油位指示器满刻度的3/5）。

2）使用前准备：启动汽车，汽车压力表达到6kg时，汽车汽刹合上，踩下离合器，打开仪表盘右侧取力器开关（开关按下)，再将手挡挂在3、4档档位上，然后即可进行液压系统的操作。

3）支撑腿的升降、电缆绞盘的使用：升降操作在副驾侧厢体维护门右下方。按门内标识向导操作各支撑腿。可适时地根据地面情况适当调整支撑高度，如图3-2所示。

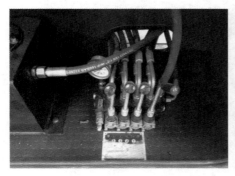

图3-2　发电车升降操作图

4）使用后复位：使用调整完毕后，再将汽车离合器踩下，将取力器开关关断（开关松开），将汽车手挡放置空挡位，再松开离合器，然后关闭汽车发动机。

如收回液压支撑、使用电缆绞盘、关闭上掀门，须重新启动汽车，汽车压力表重新达到6kg压力后，重复上述使用步骤即可。

5）手动/自动电缆绞盘：安装在车厢内后部，由汽车提供动力源。

a. 手动电缆绞盘：先将右侧手动把手用力按下松开，然后再使用负载电缆盘手动扶圈完成手动操作使用。手动电缆绞盘如图3-3所示。

图3-3　手动电缆绞盘示意图

b. 自动电缆绞盘：在液压系统已启动的状态下，直接扳动电缆左侧绞盘收放线手柄，完成电缆的收放工作。自动电缆绞盘操作手柄如图3-4所示。

图3-4　自动电缆绞盘操作手柄示意图

（3）在车厢后部开门（电缆配置：共7根电缆，每根50m，用于机组和UPS输出），先将电缆绞盘上的负载电缆卸下并将其一端放到使用目的地，UPS由ATS供电，ATS由两路电源供电（市电、发电机组）[ATS可一路供电（机组或市电），也可两路供电]。将市电电缆输入端接入右侧市电输入配电箱的铜牌端子，接入市电时应注意相序（输入为正相序）；然后将另一端与供电端设备连接好；再将负载电缆另一端与车左侧尾部负载电源输出箱的快插或铜排连接好，再次确认输出连接相序正确。最后确认UPS的所有输入、输出均连接完成，并确保正确无误。

（4）检查UPS电源主机开机前的各项准备工作。

1）查看输入市电电缆是否已经连接完毕，且是否已经紧固。

2）查看输入相序是否正确，如相序错误请调整正确相序。

3）查看蓄电池组输出开关是否均处于断开状态。

4）查看UPS主机各输入开关是否处于断开状态。

（5）确认总输出开关处于断开位置。

（6）上述准备全部完成后，对UPS电源配电柜进行供电，由配电柜中ATS转换开关选择接入输入市电或启动发电机组，由发电机组供电给UPS，并检查电压、相序等正确无误后，再进行UPS电源主机开机操作。

2. 发电机组启动

（1）使用前准备工作。

1）检查机组的柴油、机油及防冻液等。

2）查看蓄电池组电压是否正常。

3）查看机组输出开关是否处于断开状态。

4）打开电源车两边机组及后面进排风门，并锁好。

（2）启动机组，机组控制屏如图3-5所示。

1）打开蓄电池开关。

2）机组控制屏被点亮。

3）选择手动启动模式Mode，然后按"Start"启动机组（详细操作可参见机组控制操作说明书）。

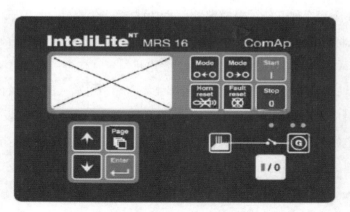

图3-5　机组控制屏示意图

3. 关闭发电机机组

（1）机组无论在"手动"还是"自动"模式下工作，只要控制器模式键Mode被按下，机组就会立即停机（详细操作可参见机组控制操作说明书）。

（2）关闭蓄电池开关。

（3）机组控制屏完全关闭。

4. 机组启动正常后

（1）检查输出电压是否正常。

（2）查看机组各技术参数是否正常。

（3）按下机组输出控制按钮，供电给ATS。

（4）通过ATS自动选择，给负载送电。

（5）进行下一步工作，启动UPS电源。

5．启动UPS电源

图3-6　UPS电源

UPS电源如图3-6所示，其开机步骤如下：

（1）确认所有开关处于OFF位置，同时电池断路器处于断开状态。

（2）启动"备用电源输入"开关，此时LCD画面显示"旁路电源供电"。

（3）启动"整流器输入"开关，等候约60s"电瓶电磁接触器"闭合，待LED电池电压上升到393V。

（4）启动电瓶箱内的"电瓶开关"。

（5）同时按逆变器"ON"及回车键3s，此时逆变器启动约30s后电压建立，"逆变器电磁接触器"闭合。此时负载转由逆变器供电，LCD画面显示"UPS正常"。

6．量测UPS输出开关上的电压是否正常，若正常即可启动输出开关，供电给负载

UPS电源关机步骤如下：

（1）关闭"UPS"输出开关。

（2）按逆变器"OFF"及回车键3s，若此时旁路电源正常，亦即旁路电压及频率皆在设定范围内，逆变器立即关闭且"逆变器电磁接触器"跳脱，UPS转由旁路电源供电，同时LCD画面显示"旁路电源供电"。

（3）切断在电瓶箱内的"电瓶开关"。

（4）切断"整流器输入"开关。

（5）等5min待电容器放电，亦可按"ON"及"OFF"键试推逆变器放电，后按"OFF"键关闭逆变器，并确认UPS电压已放完电。

（6）切断"备用电源输入"开关。

7. UPS电源车整车操作完成收工

（1）先卸负荷：

1）断开UPS电源"输出开关"。

2）断开发电机组"输出开关"。

（2）UPS主机关机（详细请参见UPS关机操作步骤）。

（3）断开所有"蓄电池组开关"。

（4）完全断电后，拆除负载连接电缆，使用电缆绞盘以自动或手动方式将负载电缆均匀地缠绕在电缆绞盘上，端头处用勾绳加以固定，然后关闭所有门窗并锁紧。

（5）发动汽车，启动液压系统，将输出电缆缠绕输出电缆盘上，如放下四只液压支撑腿，必须将液压支撑腿收回至原处，方可行车。

（6）关闭电源车所有通风门及操作梯等，并将其全部锁好，确保安全。

（7）电源车保供电操作结束，发动汽车回程。

三、10m²以下导线的连接

（一）单股导线的绞接连接法（见图3-7）

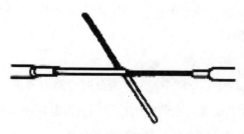

图3-7　单股导线的绞接连接法

如图3-8所示，把两个相等长的芯线绞接（顺时针方向）（注意不同金属导线不能连接）。

图3-8 单股导线绞接步骤一

如图3-9所示，两线相互绞绕2～3圈。

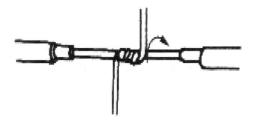

图3-9 单股导线绞接步骤二

如图3-10所示，分别把绞绕的线头扳直，把其中一线头按绞绕方向在对应的一方芯线上紧密地缠绕5～6圈。

图3-10 单股导线绞接步骤三

如图3-11所示，另一线头按绞绕方向在对应的一方芯线上紧密地缠绕5～6圈（注意使用钢丝钳缠绕导线时要掌握好力度，不要严重损伤导线或夹断导线），用钢丝钳剪去余下的线头，并修平芯线的末端。

图3-11 单股导线绞接步骤四

（二）多股导线的直线绞接

如图3-12所示，把线头的绝缘层剥去（注意不同金属导线不能连接）。

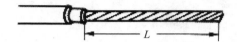

图3-12　多股导线直接绞接步骤一

如图3-13所示，把线芯的2/3松开并扳直，把靠近绝缘层线芯的1/3绞紧，再把松开的芯线扳成伞骨状。

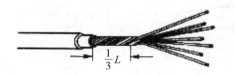

图3-13　多股导线直接绞接步骤二

如图3-14所示，把两个伞骨形线芯一根隔一根地交叉插在一起。

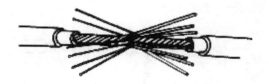

图3-14　多股导线直接绞接步骤三

如图3-15所示，摆平互相交叉插入的线芯并夹紧。

图3-15　多股导线直接绞接步骤四

如图3-16所示，把左边线头任意两根相邻的线芯扳直，并按箭头方向（顺时针方向）缠绕。

图3-16　多股导线直接绞接步骤五

如图3-17所示，缠绕两圈后，把余下的线头向右折弯90°紧靠并平行导线。

图3-17　多股导线直接绞接步骤六

如图3-18所示，在上两线头的左侧把任意两根相邻的线头扳直，按箭头方向紧紧地压住前两根折弯的线头进行缠绕。

图3-18　多股导线直接绞接步骤七

如图3-19所示，缠绕两圈后，把余下的线头向右折弯90°（紧靠并平行导线），再把左边余下的三根线芯扳直，按同样的方向缠绕。

图3-19　多股导线直接绞接步骤八

如图3-20所示，缠绕3圈后切除余下的线芯，并整平端头。

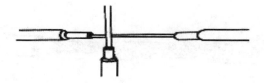

图3-20　多股导线直接绞接步骤九

用步骤五到步骤九的方法再缠绕右边线头的芯线（注意使用钢丝钳缠绕导线时要掌握好力度，不要严重操作导线或夹断导线），做好后的成品如图3-21所示。

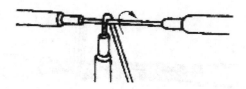

图3-21　多股导线直接绞接成品图

（三）单股导线的T形连接法

如图3-22所示，把分支线的芯线垂直在干线上。

图3-22　单股导线T形连接步骤一

如图3-23所示，将支线线头按顺时针方向紧密地缠绕在干线上。

图3-23　单股导线T形连接步骤二

如图3-24所示，缠绕5～8圈后，用钢丝钳钳去余下芯线，并整平支线芯线的末端，要求支线不能在干线上滑动（注意不同金属导线不能连接）。

图3-24 单股导线T形连接步骤三

（四）多股导线的T形连接法

如图3-25所示，将干线剥去绝缘层。

图3-25 多股导线的T形连接步骤一

如图3-26所示，将支线剥去绝缘层。

图3-26 多股导线的T形连接步骤二

如图3-27所示，将支线裸线部分的5/6散开扳直。

图3-27 多股导线的T形连接步骤三

如图3-28所示，把靠近绝缘层线芯的1/6绞紧，再把松开的芯线扳成伞骨状。

图3-28　多股导线的T形连接步骤四

如图3-29所示，剪去中间的股线，把剩余股线分成相等的两部分并理顺，交叉插到干线的中点上。

图3-29　多股导线的T形连接步骤五

如图3-30所示，将插接的支线在右边干线上缠绕3~4圈。

图3-30　多股导线的T形连接步骤六

同样，如图3-31所示，将支线在左边干线上以相反方向缠绕3~4圈。

图3-31　多股导线的T形连接步骤七

如图3-32所示，将支线稍微拧紧（注意：不同金属导线不能连接）。

图3-32　多股导线的T形连接步骤八

（五）单股导线与软线的连接、单股导线的终端头连接法

如图3-33所示，单股导线与软线的连接：先将软线线芯往单股导线上缠绕7~8圈，再把单股导线的线芯向后弯。

图3-33　单股导线与软线的连接步骤一

如图3-34所示，单股导线的终端接头为两支导线时：将两线芯互绞5~6圈，然后再向后弯曲。

图3-34　单股导线与软线的连接步骤二

如图3-35所示，单股导线的终端接头为3~4支导线时：用其中一支线芯往其余线芯上缠绕5~6圈，然后再把其余线头向后弯。

图3-35　单股导线与软线的连接步骤三

（六）导线线头和接线桩的连接

1．单股芯线压接圈的弯法

如图3-36所示，单股芯线压接圈的弯法步骤如下：

（1）离绝缘层根部3mm处向外折角。

（2）按略大于螺栓直径弯弧。

（3）剪去芯线余端。

（4）修正圆圈至圆。

连接工艺要求：压接圈的弯曲方向应与螺钉拧紧方向一致，连接前应清除压接圈、接线桩和垫圈上氧化层，再将压接圈压在垫圈下面，用适当的力矩将螺丝拧紧，以保证良好的接触。压接时注意，不得将导线绝缘层压入垫圈内。

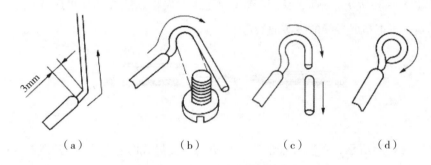

（a）　　　　　（b）　　　　　（c）　　　　　（d）

图3-36　单股芯线压接圈的弯法

2. 多股芯线压接圈的弯法

多股芯线压接圈弯法示意如图3-37所示。

连接工艺要求：压接圈的弯曲方向应与螺钉拧紧方向一致，连接前应清除压接圈、接线桩和垫圈上氧化层，再将压接圈压在垫圈下面，用适当的力矩将螺丝拧紧，以保证良好的接触。压接时注意，不得将导线绝缘层压入垫圈内。

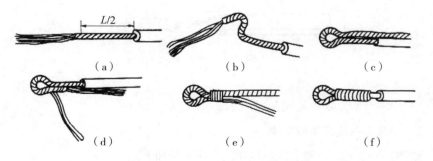

（a）　　　　　（b）　　　　　（c）

（d）　　　　　（e）　　　　　（f）

图3-37　多股芯线压接圈的弯法

（七）导线绝缘的恢复

导线绝缘恢复示意如图3-38所示。

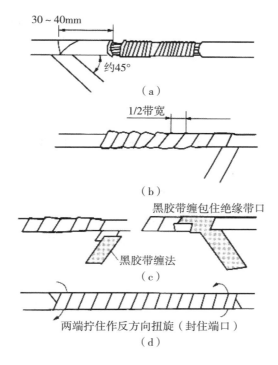

图3-38　导线绝缘的恢复

1. 导线绝缘要求

绝缘导线的绝缘层，因连接需要剥离后，或遭遇意外损伤后，均需恢复绝缘层；经恢复的绝缘性不能低于原有的标准。

2. 绝缘恢复包缠时应注意

（1）绝缘带（黄蜡带或塑料带）应从左侧的完好绝缘层上开始包缠，应包入绝缘层30～40mm，起包时绝缘带与导线之间应保持约45°倾斜。

（2）进行每圈斜叠缠包，包一圈必须压住前一圈的1/2带宽。

四、临时供电电源搭建

（1）根据现场情况，发电机应尽量布置在负荷集中区。

（2）发电机布置应尽量考虑安全区域，应考虑防雨措施，避免触电事故发生，如果不能满足安全要求，应设置安全围栏，设专人看守。

（3）发电机临时电源供电导线选择，考虑导线载流量、防潮、绝缘，主干线的导线尽量选择橡套软电缆，分支线考虑铜芯橡皮线，导线展放时不能使导线受损。

（4）电源线的安装考虑架空敷设，主干线安装高度一般不低于2.0m，档距一般不超过20.0m，分支线的安装一般不低于2.0m，档距一般不大于15.0m，电源线之间的接头应尽量考虑插头连接，为避免受潮和触电，插头要安装在电源箱里，插头的质量要符合发热要求，不能满足插头连接的情况下再考虑接头破头连接，如果是破头连接，需满足发热要求、强度要求、绝缘要求。

（5）为控制用电负荷，进户线采用空气开关保护装置供电，每户用电负荷不超过50W。

第三节　安全用电管理

安全用电管理内容包括：

（1）组建安全用电管理班组，负责安全用电检查。

（2）加强用电宣传，保证用电安全可靠。

（3）在应急现场，严禁私拉乱接电源。

（4）检查接头的发热及绝缘情况。

（5）检查用电线路的绝缘是否有破损，否则进行绝缘处理。

（6）发电机布置应尽量考虑安全区域，发电机外壳应接地，考虑防雨措施，避免触电事故发生，如果不能满足安全要求，应设置安全围栏，设专人看守。

（7）如果电灯在室外，要采取防雨措施，防止灯泡在使用过程中突然被雨淋后发生爆炸。

（8）用户线路应腾空展放，主干线高度不低于2.0m，分支线不低于2.0m，如果导线在地面张放，应加装保护管，并有防止雨淋措施。

（9）每户帐篷单独安装使用漏电保护器，防止触电事故。

第四节　应急通信系统

一、电力应急通信指挥演练系统概述

灾害发生后，电力抢修与恢复工作是灾害重建的一个关键环节，但受制于普通电力职工的体能、技能等原因，电力抢险队伍难以第一时间在恶劣的自然条件下到达现场进行抢修作业，这也限制了严重自然灾害下其他抢险救援工作的展开。通过建立相应的应急抢修培训系统对专业抢险救援队伍进行培训，以提高应急人员的各种应急技术技能水平，充分保证大灾害下快速组建更为专业的电力应急抢险救援队伍十分必要。

为正确、高效、快速地处置应急突发事件，保障电网安全稳定运行和可靠供电，维护国家安全、社会稳定和人民生命财产安全，为评估和检验应急预案的可操作性和实用性，提高应急指挥人员的实战素质和决策的科学性、合理性，以及指挥处置的效率，提高重、特大突发应急事件的应急处置时多单位联动处置的能力，建立应急救援指挥演练通信系统，模拟处置输电和变电生产过程中突发事件和社会环境事件、快速恢复电网安全稳定运行、保障重要用户供电，实现电力事故从现场信息搜集、传输、指挥、处置的模拟仿真操作非常必要。

按照培训、演练和实战的需求，应急通信演练指挥系统基于IP网络部署，可提供包括语音调度、视频调度、数据调度等多媒体调度业务的一体化解决方案。将有线/无线语音调度、视频调度、视频监控和指挥调度于一体，即实现了多业务集成，同时能够让多个用户在不同地点，通过网络同时进行可视化的多层级指挥调度和远程商讨。

电力应急通信指挥演练系统建设包括电力应急通信指挥演练中心、移动应急通信指挥演练系统、培训演练场地无线覆盖系统、卫星通信系统、外联通信接口系统、电力应急单兵等。通过以上系统实现电力系统的应急抢险通信能力建设，实现应急能力的培训和演练功能。通过先进的无线技术，实现了应急现场和指挥中心的无缝沟通。电力应急通信指挥演练系统构架如图3-39所示。

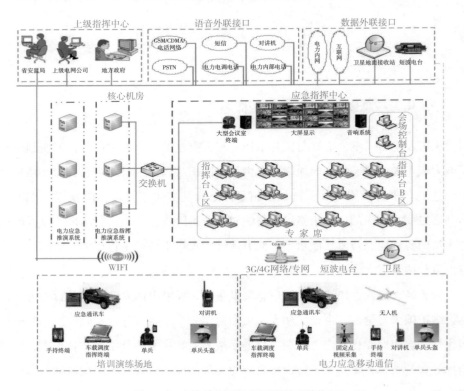

图3-39 电力应急通信指挥演练系统构架

二、应急指挥演练中心

电网应急指挥中心将取代传统的电力调度中心，成为一个集信息监控、电力调度、信息发布、应急决策的中央数据库，是信息整合、信息展示、信息决策的中心平台，是未来电力系统的信息中心和核心平台；同时，该演练中心也是进行培训的主要中心。应急指挥多媒体集群调度系统是整个系统的通信支撑系统，提供了集群对讲、视频调度、视频会商、GIS可视化显示，为应急的快速处理提供了信息沟通手段。

　　电力应急通信指挥演练中心是整个指挥调度系统的核心所在，部署大屏幕、指挥调度系统控制终端，通过这些系统实现现场的视频显示、GIS显示、应急预案执行；通过调用电力相关的数据信息为应急提供辅助决策功能。应急指挥演练中心示意如图3-40所示。

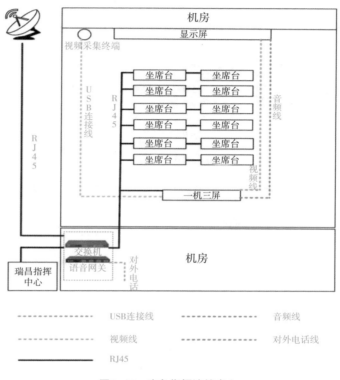

图3-40　应急指挥演练中心

三、指挥中心会场调度控制台

　　指挥中心会场调度控制台是整套系统的核心控制部分，调度控制台具有语音调度、视频调度、集群对讲、GIS位置信息显示等功能，采用三屏显示，带有对讲台和语音手柄。调度控制台可以进行对指挥中心人员、应急通信车人员、无人机等人员和设备的综合调度和管理，并通过视频上墙网关实现将现场视频、视频会商、监控网关、无人机等设备的视频图像推送到大屏幕上。支持专用手柄和对讲专用控制器，以及视频矩阵接口，支持视频并发回传显示、视频分发、图片分发、远程抓拍、本地拍照、本地录像、轮调、远程视频参数调整、视频会商等功能；用户状态显示，实现强拆、强插、监听、代答、录音、夜服、会议（固定组、临时组）、广播（固定组、临时组）、转接、短消息、PTT申请、切换对讲组、呼入对讲、踢出对讲、追呼等功能。支持基于GIS的动态圈选功能，实现圈选对讲、视频调度等功能。多媒体调度控制台和大屏幕示意如图3-41所示。指挥台部署如图3-42所示。

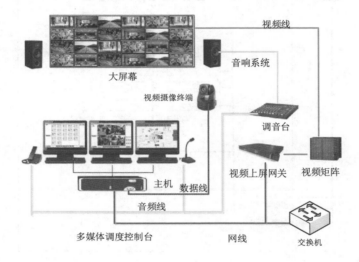

图3-41　多媒体调度控制台和大屏幕

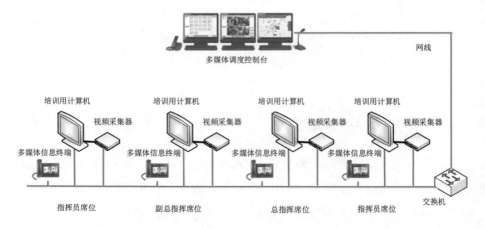

图3-42　指挥台部署

四、电力应急移动通信指挥演练系统和通信系统

（一）电力应急移动通信指挥演练系统

在应急现场快速形成专用的无线通信网，为应急抢险提供现场的语音通话、语音调度、集群对讲和视频调度功能。通过卫星系统、3G/4G等网络可以实现与指挥中心的实时通信，确保指挥中心与应急现场的无缝连接。可将应急现场通过无人机系统、单兵系统所获得的图像信息、视频信息、语音信息、文字信息实时传回到远端的应急指挥中心。移动应急通信指挥演练系统如图3-43所示。

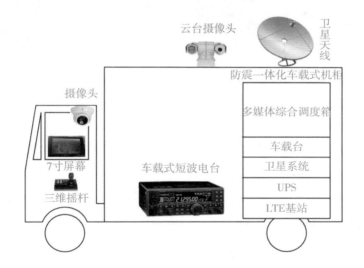

图3-43 移动应急通信指挥演练系统

（二）卫星通信系统

卫星通信系统主要分为地面接收站和车载卫星系统两部分，通过卫星系统实现应急现场与指挥中心的无缝通信和沟通。如图3-44和图3-45所示。

图3-44　车载台及LTE基站

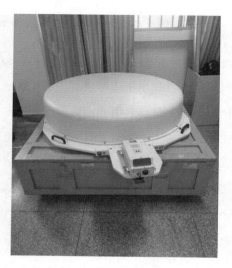

图3-45　车载卫星天线

（三）短波通信系统

短波通信是唯一不受网络枢纽和有源中继制约的远程通信手段，具有设备简单、体积小、调度容易、组网方便等特点，被广泛应用于应急救援现场。如图3-46和图3-47所示。

图3-46　背负式短波电台

图3-47　车载式短波电台

五、单兵通信系统及无人机系统

（一）单兵通信系统

单兵通信系统主要包括单兵头盔、手持终端、短波通信设备及卫星电话等设备如图3-48~图3-50所示。应急单兵系统采用最先进的4G LTE通信技术，通过LTE基站和LTE手持移动终端，将集群对讲、视频调度、预案执行和数据采集等功能融为一体，为应急的快速处理提供了强有力的保障。

图3-48　单兵头盔

图3-49　LTE手持终端

图3-50　卫星电话

（二）无人机系统

无人机系统携带照相机、摄像机、红外摄像头等设备，从高空向地面拍摄，并通过卫星系统将实时画面传输到远端的指挥中心。如图3-51和图3-52所示。

图3-51　无人机系统

图3-52　航拍灾害现场画面

六、卫星电话、短波电台使用方法及注意事项

（一）卫星电话使用方法及注意事项

1.卫星电话使用方法

（1）选取可见天空的户外地点，远离建筑物及高架物体，将天线旋转及伸展至定位，天线朝向东南方。

（2）打开卫星电话按住电源按钮（左下角红色按钮)，开启电源。

（3）接着屏幕出现SEARCHING（正在搜寻卫星），然后屏幕出现IRIDIUM及左上角出现信号强度符号显示，这时就能通话了。

（4）直接拨号：

1）拨打座机号码：

00+国家代码（如：中国86）+ 区号 + 座机电话号码

如：拨打昆明的电话号码：64125XXX　00 86 087164125XXX

2）拨打手机号码：

00+国家代码（如：中国86）+ 手机号码

如：拨打手机：139XXXXXXXX　00 86 139XXXXXXXX

2．使用卫星电话注意事项

（1）不要随便动SIM卡，SIM卡的插入、取出操作必须在关机状态下进行，以免卡受损。

（2）转动手机天线时，要小心，防止弄折。

（3）注意不要进水，不要在雨中使用。

3．在没有指南针的情况下判别方向

在自己所处的时间（24小时制）除以2，再把所得的时间的时针对准太阳，表盘上12点所指的方向就是北方。卫星电话的天线朝向为东南方。时钟判断方向法示意如图3-53所示。

图3-53　时钟判断方向法

（二）短波电台使用注意事项

短波的传播途径分为天波和地波，地波距离较近，约为50km，天波距离较远，可达几百千米。使用短波电台时注意远离下列干扰情况：

（1）夏天的雷电干扰。

（2）室内的电子日光灯、可控硅调光台灯、电脑、电视机、微波炉等。

（3）邻近工厂使用大马力电机并通过高压电力线传输的辐射干扰。

（4）马路上有轨电车电力线和各种机动车辆的马达火花放电辐射干扰。

（5）收听地点附近有大功率的高频无线电波辐射干扰。

手持对讲机是一种体积小，质量轻，便于携带的通信工具，通信距离通常在5km以内。使用手持对讲机时应注意下列情况：

（1）开机时应检查使用的信道是否正确。

（2）使用对讲机通话时，应保持对讲机垂直，话筒离口部3～5cm。

（3）发射时耗电量大，接听时耗电量小，守候时要省电。

（4）对讲机无线不能拧下使用，否则在发射时容易损坏其功率管。

（5）不同人群使用不同频道。

在公共网络未断开的情况下，应尽量使用公共通信方式进行通信，例如手机、微信、QQ等通信方式。可以通过手机将受灾情况通过电话、微信视频、QQ、照片等多种方式传输到应急救援指挥中心。微信上报应急救援指挥中心示意如图3–54所示。

图3-54　微信上报应急救援指挥中心

第五节　配电线路与台区故障巡视与隔离

一、配电线路与台区故障判别

（一）配电线路常见故障类型

1. 单相接地故障

我国10kV电压等级中性点采用不接地或经高阻抗接地方式，线路设备发生单相接地时仅流过不大的电容电流，为保证供电可靠，单相接地故障时保护不作用于跳闸，线路可继续运行一段时间，最多不超过2h。配电线路单相接地，是指三相线路中一相与大地之间绝缘损坏击穿，常见类型有以下几类：

（1）外力作用引起的单相接地故障。由地震引发的杆、塔位移倾倒；绝缘子断裂；山体塌方、地基陷落造成树木倒落等外力作用引起的线路设备单相接地故障。

（2）污秽引起的单相接地故障。配电线路绝缘子、柱上断路器、隔离开关、跌落式熔断器等污秽引起的单相接地故障。

（3）雷电过电压引起的单相接地故障。雷电过电压导致线路绝缘子炸裂、线路避雷器放电击穿，以及线路设备其他绝缘薄弱点击穿等引起的单相接地故障，多发生在地震后的雷雨天气。

2. 短路故障

配电网常见的短路故障有：

（1）按短路的类型划分。

1）三相短路，是电力系统中危害最严重、产生短路电流最大的短路，此种短路继电保护装置必须立即动作，切除故障。

2）两相短路，是电力系统中A、B、C三相之间任意两相发生短路，此种短路的危害性和产生的短路电流比三相短路要小，必须在很短的时限内由继电保护装置切除故障。

3）两相接地短路，由于10kV配电系统采用中性点不直接接地方式，发生单相接地时仅流过不大的电容电流，不直接作用于跳闸。在10kV配电系统中，当同一线路或不同线路的不同两相同时发生接地时，不同相别的两相通过大地形成回路，就构成了两相接地短路故障。

（2）按短路故障持续时间划分。

1）瞬时性短路故障。

线路发生短路的瞬间，继电保护装置动作，变电站出口断路器跳闸。由于故障点在短路瞬间自动消除或由下一级断路器切除，变电站出口断路器重合闸成功，非故障段线路正常供电。

主要形式有：线路引流线断线弧光短路；拉合跌落式熔断器、隔离开关弧光短路；鸟类、鼠类等小动物引起的短路；雷电瞬间闪络短路故障等。

2）永久性短路故障。

线路发生短路后，继电保护装置动作，断路器跳闸。重合闸不成功，整回线路失电。

主要形式有：由地震引起的倒杆断线短路；树木倒落在线路设备上引起的短路；线路设备绝缘击穿损坏引起的短路；电力电缆中间头、终端头击穿引起的短路。

（二）配电线路保护特性与故障区段判别

地震发生时，快速找到线路故障点，尽快恢复灾区人民群众的生产、生活用电是广大配网运维人员的重要任务。下面就三段式保护的保护范围及原理进行分析，以提升运维人员配电线路故障判别排查能力。10kV配电线路普遍采用三段式电流保护，即电流Ⅰ段保护（电流速断保护）、电流Ⅱ段保护（限时电流速断保护）、电流Ⅲ段保护（定时限过电流保护），三段保护的特性及保护范围各有特点。

1. 电流速断保护

（1）电流速断保护原理。

电网中电气设备发生故障时，短路电流很大。如果预先通过计算，将此短路电流整定为继电器的动作电流，就可对故障设备进行保护。电流速断保护正是根据这个原理而实现的，如图3-55所示。为了保证动作的选择性，根据短路的特点（故障点越靠近电源，则短路电流越大），限时电流速断保护、定时限过电流保护是带有动作时限的，而电流速断保护则不带动作时限，即当短路发生时，它立即动作而切断故障，它没有时限特性，常用来和过流保护配合使用。速断保护不能保护线路全长，只能有选择性地保护线路的一部分，余下部分为速断保护的死区。

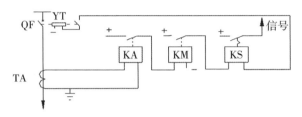

图3-55 电流速断保护原理图

电流速断保护的组成包括启动元件（电流继电器KA）、信号元件（信号继电器KS）和出口元件（中间继电器KM）等三部分。当一次线路发生短路时，电流继电器KA瞬时动作，接通中间继电器KM和信号继电器KS，KS给出信号，KM接通断路器QF的跳闸线圈YT的回路，使断路器QF跳闸，快速切除短路故障。

（2）电流速断保护的整定。

速断电流应躲过保护线路末端的最大短路电流$I_{kB\,max}$，只有这样整定，才能避免在后一级速断保护所保护线路首端发生三相短路时前一级速断保护误动作的可能，确保前后两级速断保护的动作选择性。

如图3-56所示，K1与K2两点短路时流过保护1的短路电流差别不大，保护1无法区分本线路末端短路和后段线路首端的短路。为优先保证选择性，保证L2线路首端短路时保护1不启动，保护1的整定动作电流必须大于K1点可能出现的最大短路电流（在最大运行方式下该点发生三相短路时的电流）。

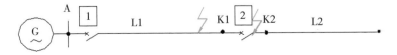

图3-56 电流速断保护分析图

即
$$I_{op1}^{I}=K_{rel}^{I}\,I_{kB.max}$$

式中 I_{op1}^{I}——保护1的电流 I 段整定值；

K_{rel}^{I}——保护的电流 I 段可靠系数，取1.2～1.3；

$I_{kB.max}$——最大运行方式下K1点发生三相短路时的电流。

（3）故障类别及范围分析。

根据以上分析，电流速断保护在本线路末端短路时保护不能启动，也就是该保护不能保护线路全长。电流速断保护的保护范围，一般在系统最大运行方式下发生短路时最大，占线路全长的50%左右；而当线路处于最小运行方式时，保护范围最小，占线路全长的15%～20%。因此可以得出结论：当线路发生电流速断保护动作时，故障类型属于短路，故障范围位于线路前段（靠近变电所侧）。

2．限时电流速断保护

（1）限时电流速断保护原理。

限时电流速断保护（电流 II 段保护），能以较短的时限快速切除全线路范围内故障的保护。电流速断保护一般没有时限，不能保护线路全长（为避免失去选择性），即存在保护的死区。为克服此缺陷，常采用限时电流速断保护以保护线路全长。

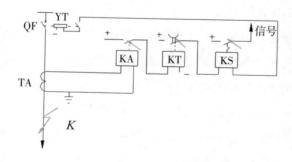

图3-57   限时电流速断保护原理图

如图3-57所示，限时电流速断保护的组成包括启动元件（电流继电器KA）、信号元件（信号继电器KS）和限时元件（时间继电器KT）等三部分。当一次线路发生短路时，电流继电器KA瞬时动作，接通时间继电器KT，经过整定的时间后，其延时触点闭合，使串联的信号继电器KS通电动作，KS给出信号并接通断路器

QF的跳闸线圈YT的回路，使断路器QF跳闸，快速切除短路故障。

（2）限时电流速断保护的整定。

限时电流速断保护要求在任何情况下能保护本线路的全长，并具有足够的灵敏性，具有最小的动作时限，兼做电流速断保护的后备保护。

如图3-58所示，当K2点发生短路故障时，保护1的电流Ⅰ段不启动，电流Ⅱ段启动，但延时未动作，此时由保护2电流Ⅰ段启动跳开断路器2，保护1电流Ⅱ段返回。

图3-58　限时电流速断保护分析图

即
$$t = \Delta t$$
$$I_{op1}^{II} = K_{rel}^{II} I_{op2}^{I}$$

式中　I_{op1}^{II}——保护1的电流Ⅱ段整定值；

I_{op2}^{I}——保护2的电流Ⅰ段整定值；

K_{rel}^{II}l——保护的电流Ⅱ段可靠系数，取1.1~1.2；

Δt——动作时限一般取0.5s。

（3）故障类别及范围分析。

限时电流速断保护的保护范围为被保护线路的100%，延伸到下一级相邻线路的部分不超过它的无时限电流速断保护的范围。保护装置同时设有延时继电器，在与速断保护装置配合使用时，一般在线路后段发生故障时才动作跳闸。若电流速断保护与限时电流速断保护同时动作，表明故障点位于速断保护与限时速断保护的共同范围，故障点大多位于线路中段。当线路发生限时电流速断保护动作时，故障类型属于短路。

3. 定时限过电流保护

（1）定时限过电流保护原理。

定时限过电流保护是根据线路负荷电流整定的，其动作一般与线路短路无关，可作为本线路主保护拒动的近后备保护，也可作为下一级线路保护拒动的远后备保护。

　　如图3-59所示，定时限过电流保护的组成包括启动元件（电流继电器KA）、信号元件（信号继电器KS）和限时元件（时间继电器KT）等三部分。当一次线路发生过负荷时，电流继电器KA动作，接通时间继电器KT，经过整定的时间后，其延时触点闭合，使串联的信号继电器KS通电动作，KS给出信号并接通断路器QF的跳闸线圈YT的回路，使断路器QF跳闸，切除过负荷线路运行。

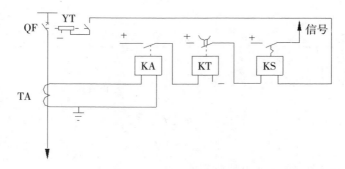

图3-59　定时限过电流保护原理图

　　（2）定时限过电流保护的整定。

$$I_{DZ\text{III}} \geqslant \frac{K_k \times I'_{gfh}}{K_{fh}}$$

式中　K_k——可靠系数，要求$K_k \geqslant 1.3$；

　　　　I'_{gfh}——线路最大负荷电流，综合考虑线路所供变压器容量、线路安全载流量及TA一次额定值；

　　　　K_{fh}——返回系数，微机型保护取0.95～1。

　　（3）故障类别及范围分析。

　　定时限过电流保护可以保护本线路全长，同时还可以保护相邻线路全长。定时限过电流保护的动作电流与短路无关，它是根据负荷情况来整定的。当本线路主保护拒动时，定时限过电流保护动作，作为近后备保护；当下一级线路主保护拒动或断路器拒动时，定时限过电流保护动作，作为远后备保护。当线路发生定时限过电流保护动作跳闸时，要分析线路是否过负荷，若线路未过负荷，可重点检查靠近线路首端的大容量配电变压器是否存在低压侧短路。

4.　配电网零序保护

零序保护指利用线路接地时产生的零序电流、零序电压使保护动作的装置。保护只反映单相接地故障，因为系统中的其他非接地短路故障不会产生零序电流。10kV（20kV）电网为中性点不接地系统或经消弧线圈接地系统，零序电流保护一般不直接作用于跳闸，仅仅动作于告警。

（1）配电网中性点运行方式。

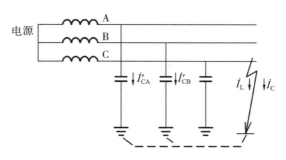

图3-60　中性点不接地系统

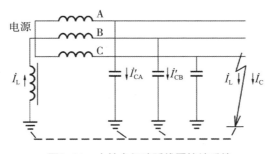

图3-61　中性点经消弧线圈接地系统

电力系统中性点是指三相绕组作星形连接的变压器和发电机的中性点。电力系统中性点与大地间的电气连接方式，称为电力系统中性点接地方式（即中性点运行方式）。我国电力系统广泛采用的中性点接地方式主要有中性点不接地、中性点经消弧线圈接地及中性点直接接地三种，如图3-60～图3-62所示。

中性点不接地系统和中性点经消弧线圈接地系统，单相接地故障时，中性点对地电压、各相对地电压都发生变化，但由于线电压保持不变，对电力用户没有影响，用户可继续运行，提高了供电可靠性。这两种系统必须装设交流绝缘监察装置，当发生单相接地故障时，发出报警信号或指示，以提醒运行值班人员注意，及时采取措施。

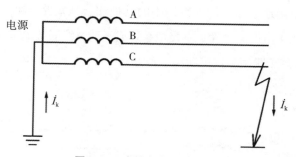

图3-62　中性点直接接地系统

中性点直接接地系统发生单相接地故障时，接地电流很大，必须立即切除故障部分，中断用户供电。这种系统多用在110kV及以上系统。

（2）配电网零序保护原理。

1）零序电压保护。

如图3-63所示，变电站内三相五柱式电压互感器一次绕组星形接线，基本二次绕组也采用星形接线，二次100V电压供测量使用。辅助二次绕组开口三角形接线，开口端接有电压继电器，线路正常运行时三相电压平衡，开口端电压为零（或有很小的不平衡电压）。当线路发生单相接地故障时，打破电压平衡状态，开口端出现零序电压，电压继电器触头闭合，接通信号继电器KS发出接地信号。接于该段母线的所有10kV线路发生接地均会使保护动作告警，所以此种保护无选择性，无法判断是哪一条线路接地，一般要经过运行值班员逐一将线路停电后确认接地线路，再通知线路运维人员排查故障。

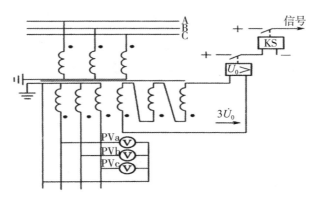

图3-63　零序电压保护原理图

2）零序电流保护。

如图3-64所示，通常在每回10kV线路出口电力电缆上套装零序电流互感器来采集单相接地故障时的电容电流。图示为当线路Ⅱ A相发生单相接地故障时，对于非故障线路，零序电流为线路本身电容电流，零序电流方向为母线流向线路；对于故障线路，零序电流为全系统非故障元件电容电流之和，零序电流方向为线路流向母线。采集到故障线路零序电流后，经过微机选线装置对零序电流的大小和方向进行分析，即可选择出发生单相接地故障的线路。

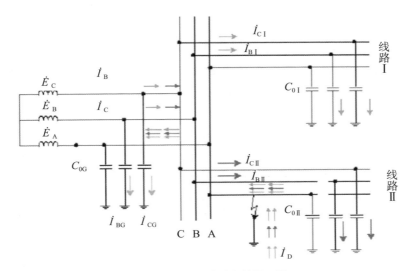

图3-64　零序电流保护原理图

（三）配电台区常见故障类型

地震发生后，将出现房屋、墙体倒塌，杆塔倾倒，电力线路散乱落地等现象，低压配电台区点多面广，接线复杂，用户缺乏足够的安全用电知识，这就要求配网运维人员提前分析研究有可能发生的故障，做到心中有数，安全、快速地处理各类低压台区故障。

1. 短路故障

短路故障多数由地震带来的外力破坏引起低压绞线引发相间短路。

2. 相线接地故障

相线接地通常也叫火线接地，相线接地时接地电流通过大地流回变压器中性点，将在变压器工作接地周围产生跨步电压，危及人、畜生命安全。

3. 零线断线故障

地震易造成建筑物倒塌，引起零线断线。零线断线故障分为干线零线断线和分支线零线断线两种情况。零线断线可造成中性点位移，致使三相电压不平衡，过电压烧坏家电设备。

4. 雷击过电压故障

地震后经常伴有雷雨天气，配电台区易遭受雷击引起的设备绝缘击穿或损坏。

（四）配电台区保护特性

配电台区的保护普遍采用高压侧跌落式熔断器保护、低压侧塑壳式空气断路器保护的方式。高压熔断器及空气断路器保护具有反时限保护特性，即故障电流越大，熔丝熔断或断路器跳闸的时间越短。

表3-1　低压断路器保护特性

试验	脱扣类型	试验电流	起始状态	脱扣或不脱扣的时间极限	预期结果
a	B、C、D	$1.13I_n$	冷态*	$t \leqslant 1h$	不脱扣
b	B、C、D	$1.45I_n$	紧接着试验*	$t < 1h$	脱扣
c	B、C、D	$2.55I_n$	冷态*	$1s < t < 60s$（对$I_n \leqslant 32A$）	脱扣
				$1s < t < 120s$（对$I_n > 32A$）	

续表

试验	脱扣类型	试验电流	起始状态	脱扣或不脱扣的时间极限	预期结果
d	B	$3I_n$	冷态*	$t \leqslant 0.1s$	不脱扣
	C	$5I_n$			
	D	$10I_n$			
e	B	$5I_n$	冷态*	$t < 0.1s$	脱扣
	C	$10I_n$			
	D	$16I_n$			
* 术语"冷态"指在基准校准温度下，试验前不带负荷					

　　低压断路器能在短路、过负荷和失压情况下自动跳闸，切除故障部分，使系统其他部分正常运行，当故障消除后，合上低压断路器即可恢复供电。如表3-1所示，按脱扣类型的不同，低压塑壳断路器分为B、C、D三类，B型属于高灵敏度断路器，C型用于配电，D型用于电动机保护。过负荷越严重，断路器跳闸时间越短，一般故障电流在额定电流的10倍时瞬时跳闸。

二、配电线路与台区故障排查

（一）故障排查安全要求

（1）故障排查工作应由经批准的有工作经验的人担任。

（2）单人处理故障时，不得攀登杆塔或台架。

（3）在未得到调度许可，确认开关状态前，应始终认为线路、设备带电，严禁触碰设备检查，明知线路、设备已停电，亦应视为带电，故障处理过程中与线路、设备保持足够的安全距离。

（4）高压电气设备发生接地时，室内不得接近故障点4m以内，室外不得接近故障点8m以内。进入上述范围，人员必须穿绝缘靴，接触设备的外壳和构架时，应戴绝缘手套。

（5）巡视人员发现导线断落地面或悬吊空中，应设法防止行人靠近断线地点8m以内，并迅速报告上级。

（6）故障隔离抢修时必须有防止反送电的措施（用户自备发动机等）。

（二）配电线路故障排查方法

10kV配电线路具有线路长、支线多、设备多、入地电缆多等特点，如果故障排查方法不是最优，将导致查找进度缓慢，迟迟不能供电。尤其在地震发生期间，长时间的停电将使人民群众生命财产受到更大的损失。因此，如何快速复电是每一个配电员工应该掌握的基本技能，下面对配电线路故障排查的方法进行分析和总结。

（1）要根据继电保护装置动作情况，确定配电线路故障类型和范围。

1）电流Ⅰ段保护（电流速断保护）动作跳闸，应判断故障点位于线路前段，因为短路点距离变电站越近，短路阻抗越小，短路电流就越大，而电流Ⅰ段保护的整定值相比，另外两段保护是最大的。

2）电流Ⅱ段保护（限时电流速断保护）动作跳闸，应判断故障点位于线路中后段。只要是电流Ⅰ段、Ⅱ段保护动作，基本可以确定故障类型属于短路。

3）电流Ⅲ段保护（定时限过电流保护）动作跳闸，应判断线路过负荷运行，需进行局部限电或者负荷转接。

当然，在一些特殊情况下，线路前段搭接的变压器低压侧短路，低压断路器拒动、高压熔丝用铜丝代替无法短时熔断时，也会越级到线路电流Ⅲ段保护动作跳闸。在配电网中，线路长度超过10km的很多，有的甚至超过20km，根据保护动作情况，正确的判断故障点的大致位置，对节省故障排查时间，提高工作效率具有重要意义。

（2）要合理组织人员分工，结合故障巡视人员技术技能特点、身体状况、安全意识等合理分组，不窝工、怠工。如对速断保护动作的故障查找，可分三组人，一组从变电站开始巡视，一组从线路中段往回走，最后一组用绝缘电阻表在线路上选点测量绝缘值。三组人通信畅通，保持联系。

（3）要充分利用自动化设备动作信息指导巡视排查工作。在有条件的供电所，要利用配网自动化设备报送的故障信息，配网自动化设备可将故障点缩小到一定范围内，运维人员可根据短信提示或者到自动化主站查看故障点的大致区段，从而缩短故障排查时间。还要结合线路故障指示器翻牌动作情况、柱上断路器跳闸情况等，逐步缩小巡视排查范围。巡视过程中应与95598保持联系，及时获取客户故障信息，争取最短的时间内恢复供电正常。

（4）线路故障分段排查法，运用绝缘电阻表进行故障测试，测试前先隔离线路上采用中性点接地方式接线的电压互感器。

1）确认变电站断路器转冷备用后，分组进行绝缘电阻测试，在线路干线中段选一分段点将故障线路分段，分别在两端摇测对地绝缘电阻值。若故障在后段，可将后段线路隔离后报告值班调度员试供前段。若故障段确定在线路前段，短时间无法修复的，后段线路具备转供电条件，应先进行负荷转接后再修复前段线路。

2）若干线分段测量后前段、后段对地绝缘电阻值都为零，可逐步拉开支线隔离开关或断路器，每拉开一处测量一次绝缘电阻，当拉开某支线后绝缘正常了，则可判断故障点位于该段支线上。保持好该支线的隔离状态，恢复其余部分供电。

3）测量绝缘电阻时要注意，通常情况下只能测量线路设备对大地的绝缘电阻值，因为相间通过变压器、互感器的线圈形成回路，相间绝缘电阻始终为零。当然，在接有变压器很少的线路，可以拉开变压器跌落保险测量线路相间绝缘电阻值。

（5）要迅速隔离故障段，尽快恢复非故障段的供电。在故障巡视排查中，找到故障点后，应立即将其隔离，与值班调度员联系后，恢复非故障区域的供电。不能等到故障处理完毕才恢复线路运行。在城市配网中，线路分段率、联络率都较高，具备隔离故障点的条件。

（6）要使用新技术、新设备提高线路故障排查的水平。当前有很多新设备可以辅助对线路故障进行排查。如电缆故障测试仪、架空线路接地定位仪等。

三、配电线路与台区故障隔离

发现故障点后快速地将非故障区段恢复供电是首要的工作任务。下面就三分段三联络接线、环网接线、树干式接线方式下如何进行故障隔离进行分析。

（一）10kV架空配电线路接线方式与故障隔离

1. 三分段三联络接线方式

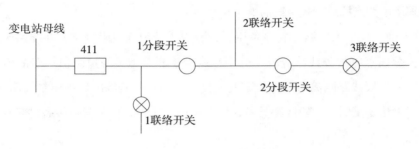

图3-65　三分段三联络接线

图3-65为10kV架空配电线路三分段三联络接线方式（联络开关对侧为其他线路电源），411为变电站出口断路器，由两台分段开关将线路干线分为三段，每段线路经三台联络开关与其他电源联络。此种接线方式无论任何区段发生故障，均可实现隔离故障段后快速恢复非故障段正常供电。例如：

（1）当411断路器故障检修时。需将411断路器转冷备用，确认2号、3号联络开关在冷备用状态，合上1号联络开关即可恢复全线供电。

（2）当1号、2号分段开关之间线路发生故障，1号分段开关跳闸时。将1号、2号分段开关转冷备用隔离故障段，合上3号联络开关即可恢复非故障段线路供电。

2. 环网接线方式

图3-66为环网接线，也叫手拉手接线方式，由两个不同变电站或同一变电站的不同母线引出的两回10kV线路进行联络供电。10kV 412线由1号、2号分段开关分为三段，10kV 421线由3号、4号分段开关分为三段，两回线路经联络开关环网（正常运行时联络开关处于冷备用状态）。此种接线方式无论任何区段发生故障，均可实现隔离故障段后快速恢复非故障段正常供电。例如：

图3-66　环网接线

（1）当421断路器故障检修时。将421断路器转为冷备用状态，合上联络开关即可恢复全线供电。

（2）当3号、4号分段开关之间线路发生故障，4号分段开关跳闸时。将3号、4号分段开关转冷备用，合上联络开关即可实现非故障段正常供电。

3. 树干式接线方式

图3-67为树干式接线方式，是农村、乡镇供电所普遍采用的一种接线方式。它的优点是接线简单、投资小、操作风险低；缺点是供电可靠性较差，一旦线路前端发生故障，将影响全线正常供电。树干式接线方式一般由柱上断路器分为几段，每段T接若干支线。

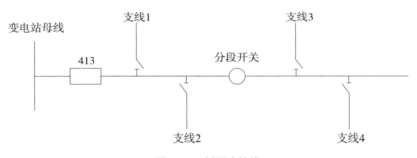

图3-67　树干式接线

此种接线方式，当413断路器需故障检修及413断路器至分段断路器之间主干线发生故障时，将引起全线停电。任一支线发生故障，可拉开支线隔离开关隔离故障，然后恢复非故障区段正常供电。分段断路器后段发生故障时，分段断路器跳闸，前段线路正常供电。

（二）10kV电缆配电线路接线方式与故障隔离

为保证较高的供电可靠性，配电网电缆线路在规划设计时接线方式必须依照"N-1"准则实施。"N-1"准则，又称单一故障安全准则。按照这一准则，电力系统的N个元件中的任一独立元件（发电机、输配电线路、变压器等）发生故障而被切除后，应不造成因其他线路过负荷跳闸而导致用户停电，不破坏系统的稳定性，不出现电压崩溃等事故。

1. "2—1"单环网接线方式

图3-68为"2—1"单环网接线方式，由不同母线的两回10kV线路进行联络供电。10kV 417线由1号、2号、3号环网柜分为四段，10kV 423线由1号、2号、3号环网柜分为四段，每个环网柜有1、2两个间隔。两回线尾端3号环网柜2间隔由电缆联络形成环网。正常运行时，两回线3号环网柜2间隔处于断开位置。无论任何区段发生故障，均可实现隔离故障段后快速恢复非故障段正常供电。例如：

（1）当423断路器故障检修时。将423断路器转冷备用状态，合上10kV 417线3号环网柜2间隔开关，合上10kV 423线3号环网柜2间隔开关，即可恢复全线正常供电。

（2）当10kV 417线2号环网柜故障时，417断路器跳闸，需隔离2号环网柜时。断开10kV 417线3号环网柜1间隔开关→断开10kV 417线1号环网柜2间隔开关→合上10kV 423线3号环网柜2间隔开关→合上10kV 417线3号环网柜2间隔开关→合上417断路器，实现非故障段正常供电。

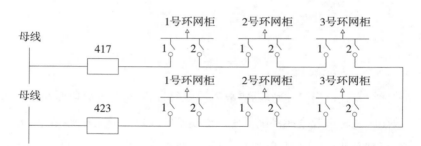

图3-68 "2—1"单环网接线

2. "3—1"单环网接线方式

图3-69为"3—1"单环网接线方式，由不同母线的三回10kV线路进行联络供电。10kV 414线由1号、2号、3号环网柜分为四段，10kV 415线由1号、2号、3号环网柜分为四段，10kV 416线由1号、2号、3号环网柜分为四段，每个环网柜有两个间隔。三回线中段由14、15号联络开关进行联络，尾端11、12、13号开关及3号环网柜2间隔由电缆联络形成环网。"3—1"单环网接线比"2—1"单环网接线具有更强的转供电能力，即使其中一回联络电缆发生故障，另一回仍然可进行转供

电。正常运行时11、12、13、14、15号联络开关处于断开位置，16号开关在合闸位置，三回线3号环网柜2间隔处于断开位置。无论任何区段发生故障，均可实现隔离故障段后快速恢复非故障段正常供电。例如：

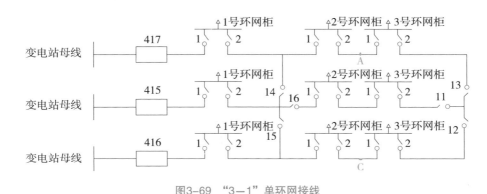

图3-69　"3-1"单环网接线

（1）当414、415断路器故障检修时。将414、415断路器转冷备用，分别合上14、15号联络开关即可恢复所有供电。

（2）当图示A、C二点电缆发生故障，414、416断路器均跳闸时。断开10kV 414线2号环网柜2间隔开关→断开10kV 414线3号环网柜1间隔开关→断开10kV 416线2号环网柜2间隔开关→断开10kV 416线3号环网柜1间隔开关→合上11、12、13号开关→合上414、416断路器，实现非故障段正常供电。

3. 双环网接线方式

如图3-70所示，双环网接线方式由两个不同变电站不同母线的四回10kV线路经四台环网柜联络而成，同一个变电站的两段母线具备联络功能。每台环网柜有四个间隔，10kV 411线与10kV 412线通过四台环网柜的1号间隔、2号间隔联络，10kV 421线与10kV 422线通过四台环网柜的3号间隔、4号间隔联络，形成环网供电。正常运行时，若由10kV 411线、10kV 421线供电，则4号环网柜2号间隔、4号间隔处于常开位置；若由10kV 412线、10kV 422线供电，则1号环网柜1号间隔、3号间隔处于常开位置。无论任何区段发生故障，均可实现隔离故障段后快速恢复非故障段正常供电。例如：

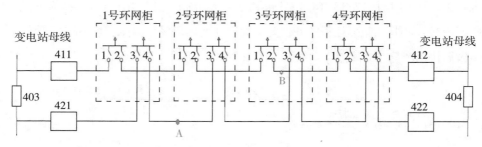

图3-70　双环网接线

（1）当421、412断路器故障检修时。设断路器检修前运行方式由10kV 411线、10kV 421线供电。将421、412断路器转冷备用→确认4号环网柜2号间隔开关在断开位置→断开1号环网柜3号间隔开关→合上4号环网柜4号间隔开关→合上10kV 422线422断路器，实现所有负荷不停电。

（2）当两段联络电缆分别在A、B两点发生故障，需退出运行时。设故障发生前运行方式由10kV 411线、10kV 421线供电，故障发生时411、421断路器跳闸。断开1号环网柜4号间隔开关→断开2号环网柜3号间隔开关→断开3号环网柜2号间隔开关→断开4号环网柜1号间隔开关→合上10kV 411线411断路器→合上10kV 421线421断路器→合上4号环网柜2号间隔开关→合上10kV 412线412断路器→合上4号环网柜4号间隔开关→合上10kV 422线422断路器，恢复所有负荷正常供电。

（三）配电台区接线方式与故障处理

低压台区具有供电半径短，停电影响用户数少的特点，且各用户内部都装有漏电保护开关，可切除用户内部故障，因此相对于10kV线路供电可靠性要求不高，接线较为简单。

1. 配电台区典型接线

图3-71为配电台区典型接线方式，高压侧在10kV线路搭火，经引流线接到跌落式熔断器，10kV避雷器装设在高压熔断器与变压器之间，低压侧由电缆引出接到JP柜内，经低压断路器、电流互感器后引上到低压主干线。变压器中性点及外壳一并接地。

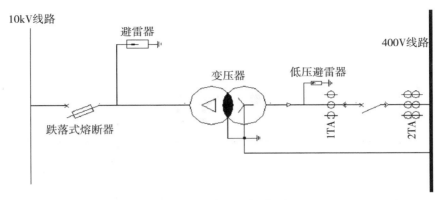

图3-71　配电台区典型接线

配电台区的保护高压侧采用跌落式熔断器保护，大容量的采用柱上断路器保护，低压侧多数选用塑壳式低压断路器保护，具有短路、过载时跳闸的功能。为保证供电可靠性，公用台区一般不选择具备漏电保护功能的断路器。住宅小区、企事业单位等用户专变设有低压配电柜，总开关选用框架式低压断路器，除具有短路、过载保护外，还具备失压脱扣功能。

2. 配电台区典型故障处理

配电台区故障类型很多，一般性的接头烧断、接触不良等简单情况本文不做分析，下面就典型的配电台区常见故障进行分析。低压台区典型故障有短路故障、相（火）线接地故障、零线断线故障等。

（1）短路故障的处理。

地震发生时，将出现房屋、墙体变形甚至垮塌的现象，沿墙体敷设的低压线路无法避免会断裂、破损，由此引发短路故障。配电抢修人员到达现场后，应首先确认台区低压断路器是否确已断开，然后再巡视排查故障点。在抢修工作中，一定要视为线路带电，因为很多用户拥有小型发电机，存在用户在未断开户内低压开关的时候接入发电机用电，对低压线路返供电的风险。

（2）相（火）线接地故障的处理。

如图3-72所示，台区低压系统发生相线接地时，接地电流在接地点通过大地流回变压器中性点，接地电流的大小取决于变压器工作接地处接地电阻以及导线

接地处至变压器安装位置土壤电阻。即

$$I = \frac{U}{R+r}$$

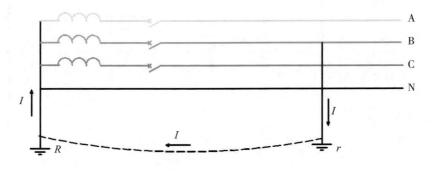

图3-72 相线接地示意图

这个电流值一般不会引起低压断路器跳闸。相线接地故障是十分危险的，它不仅使接地相对地低压降低，造成部分接于该相用电的用户不能正常用电，更为严重的是，接地电流流过变压器接地体时，会在接地体周边一定范围内产生跨步电压，危及人、畜生命安全，所以必须立即排除故障。

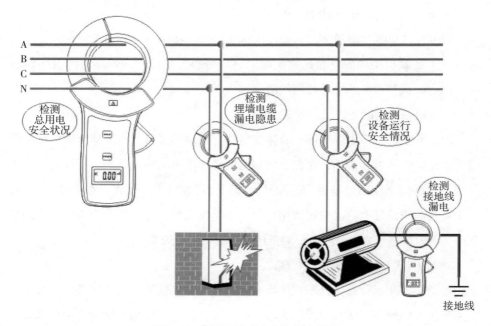

图3-73 钳形电流表法查找接地故障

如果一个台区零线带电，变压器工作接地引下线带电，则可判断该台区存在相线接地现象。由于低压线路有的敷设于室内，很多时候接地点很隐蔽，不易发现。低压主干线架设在电杆上，可以通过巡视的方式查找，排除故障点不在主干线后，对其余接户线、巷道线可以用"钳形电流表法"逐步查找故障点，如图3-73所示。由基尔霍夫定律可以知道，任一回路的电流总是流进等于流出，对两相供电的支线，将两根导线同时卡进钳形电流表的钳口，如果测量值为零，则说明该回路无漏电现象，因为流进的电流与流出的电流大小相等，方向相反，在钳口中产生的磁场相互抵消。同理，若是三相四线供电的支线，将四根导线同时卡入钳形电流表的钳口，若此回路有漏电存在，流进的电流不等于流出的电流，则能测量到一个漏电电流，顺藤摸瓜就能找到故障点了。

（3）零线断线故障的处理。

三相四线供电系统中，零线由于发热、外力破坏、接头发热氧化等因素，会发生断线故障。如果零线断线，没有零线导通不平衡电流，负荷中性点将产生位移，造成三相供电电压严重不平衡。电压的不平衡程度，与各相负荷大小有关，负荷越大的那相电压越低，负荷越小的那相电压越高。三相负荷不平衡程度愈严重，负荷中性点位移量就越大。

如图3-74所示，在低压接零保护中若发生零线断线事故，就等于电器设备失去了保安措施，电器设备一旦漏电，人体触及家用电器外壳将会造成人身触电。由向量图分析，零线断线后中性点由"O"位移到"O'"位置，三相相电压$\dot{U}_a$、$\dot{U}_b$、$\dot{U}_c$，变为U'_{ao}、U'_{bo}、U'_{co}。

如图3-75所示，零线断线故障的查找，可以用"万用表法"和"测电笔法"。无论是零线干线断线还是三相四线供电的支线零线断线，都可以将零线分为断点前端和断点后端两部分。断点前端指的是零线断线发生后，仍然与大地保持电气连接的部分；断点后端指的是零线断线后与大地失去电气连接的部分。"万用表法"就是用万用表在可疑的地段多次测量三相相电压值，如果测得三相数值都在220V左右，则所测量的区域零线未断线，在断线点前端；如果测量值不正常，有一相非常高或者非常低，则可判断该区域属于断线点后端，两者交界处就找得到零线断线点。"测电笔法"就是用低压测电笔选择不同点反复测试零线带电情况，断线点前端零线不带电（或测电笔显示较低的电压值），断线点后端零线带电，两者交界处就找得到零线断线点。

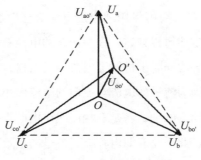

图3-74　零线断线电压向量图

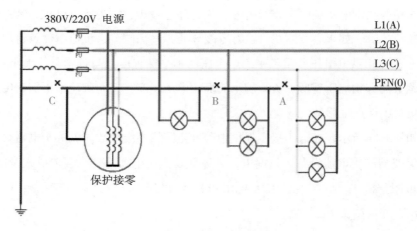

图3-75　零线断线示意图

第六节　配电抢修工作票及作业安全

一、工作内容与方法

（一）应急抢修

1. 灾情核查

配网台区受灾单位原则上应在抢修任务分派前完成灾情核查工作，当本单位力量不足时，可向支援单位应急队伍申请灾情核查协助。

（1）配网台区灾情核查协助工作应做好现场安全交底，并在受灾单位设备运维班组人员的带领下开展，过程中应做好相关记录（见附录1–5）。

（2）配网台区灾情核查过程中，核查人员应始终认为线路及设备带电，不得擅自处理任何故障；如发现因受灾设备影响，危及人身和财产安全等紧急情况时，在确保安全的情况下可采取紧急措施切断电源，采取紧急措施后应及时汇报；对不能自行处理的，应立即汇报并做好临时安全措施，等待处理。

2. 明确抢修范围

支援单位到达后，受灾单位应及时向支援单位明确抢修范围，与支援单位签订安全协议书；支援单位应急队伍与相应的受灾单位设备运维部门签订安全协议书，规范双方的安全职责。支援单位与下属应急队伍可视情况，自行签订安全协议书。

3. 安全技术交底

抢修工作正式开展前，受灾单位设备运维部门应向支援单位抢修队伍做好安全技术总交底，内容应包括：

（1）配网抢修范围受灾情况。

（2）地理环境。

（3）地质情况和地下管道设施。

（4）气候状况和民风、民俗等。

（5）提供准确完整的配网一次接线图（单线图）。

（6）地理接线图。

（7）线路设备参数资料。

4. 制订抢修方案

对于施工作业人数超过一定数量的单项抢修任务或者经过现场勘察结果，依据作业的危险性、复杂性和困难程度判断需要编制专项抢修方案的，支援单位应急队伍应组织编制专项抢修方案。

（1）专项抢修方案制订前应进行全面的作业风险评估，方案应包括：作业概况、人员安排、组织措施、技术措施、风险分析及控制措施、应急措施等内容。

（2）专项抢修方案应经应急队伍本项工作负责人审核后，提交支援单位现场指挥部和受灾单位应急指挥部审批。

（3）配网抢修方案审批后，实际施工过程中因作业环境变化或工艺要求改变，需对施工方案进行优化变更的，需将变更部分重新报相关部门审批后才能进行作业。

5. 办理工作票

灾后抢修应严格按照《中国南方电网有限责任公司电力安全工作规程》要求履行工作票、操作票相关手续，并做好以下工作。

（1）支援单位应急队伍应在抢修工作开展前，向受灾单位设备运维管理部门提供经各分子公司认证培训考核合格的工作票签发人和工作负责人名单，受灾单位设备运维部门将相应的工作票会签人和工作许可人名单书面告知支援单位应急队伍。

（2）受灾单位设备运维班组在支援单位作业班组办理工作票前，应会同工作负责人到达现场，共同完成现场勘察并经双方签字确认做好安全交底，按照工作票管理要求提供正确完备的安全措施，安全措施应经受灾单位设备运维部门负责人签名确认。

（3）工作负责人在办理工作票前完成现场勘察工作（附录1-6），现场核对设备受灾及安全交底情况，掌握灾后施工现场状况，分析施工作业风险。

（4）作业开展前，受灾设备运维班组必须在抢修队伍安全监督人员见证下，向施工班组进行安全技术交底，重点交代可能存在的倒送电情况，严格履行好工作许可制度。受灾设备运维班组和施工班组应做好验电和防止各侧送电的装设接地线、解开支线等安全措施。施工负责人召开班前（后）会向施工人员详细交代施工地点、工作任务、危险点、预控措施等，施工人员在无任何疑问后签字确认。严禁擅自扩大工作范围，由于地震灾害后，地形、房屋、线路等变形，土质松软，易造成次生灾害，必须设专人进行监护。工作间断后，重新开始工作前必须重新开展现场查勘及安全交底。

6. 倒闸操作管理

各单位应加强应急抢修期间的倒闸操作管理，调度员下令或许可下放后，具备权限的运维人员方可开展操作。应急抢修期间，所有电气倒闸操作必须严格按照电气操作导则、调度规程及作业指导书的要求执行。无危及人身安全等特殊情况下，严禁支援单位抢修队伍任何人员操作作业范围以外的设备。

（二）工作票种类

1. 选用线路第一种工作票的工作（附录1-7）

高压线路需要全部停电或部分停电、配电台区跌落式熔断器需要停电的工作，使用同一张线路工作票或带电作业工作票且下设多个分组的工作。

2. 以下工作需选用线路第二种工作票（附录1-8）

（1）在高压带电线路杆塔上且与带电导线距离大于表3-2规定的作业安全距离的工作，工作地点在高压带电线路杆塔最下层导线以下并能够保持表3-3规定距离的除外。

表3-2　人员、工具与设备带电部分的安全工作距离

电压等级（kV）	安全距离（m）
10kV及以下	0.7
35	1.0
110	1.5

（2）在运行中的高压配电设备上的工作。

（3）与邻近或交叉其他电力线路最小距离大于表3-2规定的作业安全距离且小于表3-3规定距离的工作。

表3-3　邻近或交叉其他电力线路工作的安全距离

电压等级	10kV 及以下	20、35kV	110kV	220kV	500kV
安全距离（m）	1	2.5	3	4	6

3. 外单位从事以下工作应选用低压配电网工作票（附录1-9）

（1）不需要高压设备停电或做安全措施的低压出线开关、主干线或多电源的分支线路停电的低压配电网工作。

（2）低压配电网的穿刺带电工作。

4. 以下工作需选用紧急抢修工作票（附录1-10）

（1）紧急缺陷和事故事件抢修工作。

（2）灾后抢修工作。

紧急抢修应使用紧急抢修工作票，紧急抢修作业从许可时间起超过48h后应根据情况改用非紧急抢修工作票。抢修前预计48h内无法完成的，应直接使用相关工作票。

（三）验收复电

配电抢修项目应通过竣工验收合格，具备投产条件后方可投入试运行。按照公司《设备缺陷定级标准（试行）》和《设备缺陷标准库（试行）》要求，对于验收时存在影响启动投运的紧急缺陷、重大缺陷，应在投运前由施工单位处理完毕；对于不影响启动投运的一般缺陷，应列出问题清单，明确整改责任，并限期整改。

二、工作票所列人员安全职责

（一）工作票签发人

（1）确认工作必要性和安全性。

（2）确认工作票所列安全措施是否正确、完备。

（3）确认所派工作负责人和工作班人员是否适当、充足。

（二）工作票会签人

（1）审核工作必要性和安全性。

（2）审核工作票所列的安全措施是否正确、完备。

（3）审核外单位及工作人员资格的安全资质是否具备。

（三）工作许可人

（1）应对工作负责人就工作票所列安全措施实施情况、带电部位和注意事项进行安全交代。

（2）接受调度命令，确认工作票所列安全措施是否正确、完备，是否符合现场条件。

（3）工作许可人持有工作票的终结，包括对工作负责人所做的作业终结、工作许可人负责的临时遮栏已拆除，标示牌已取下，常设遮栏已恢复等非调度管辖的许可人措施的终结，及汇报调度负责的接地等安全措施状况。

（四）工作负责人（监护人）

（1）正确、完整并亲自填写工作票。

（2）确认工作票所列安全措施正确、完备，符合现场实际条件，必要时予以补充。

（3）核实已做完的所有安全措施是否符合作业安全要求。

（4）正确、安全地组织工作。工作前向工作班全体人员进行安全交代。关注工作人员身体和精神状况是否正常，以及工作班人员变动是否合适。

（5）监护工作班人员执行现场安全措施和技术措施、正确使用劳动防护用品和工器具，在作业中不发生违章作业、违反劳动纪律的行为。

（五）专责监护人

（1）明确被监护人员、监护范围和内容。

（2）工作前对被监护人员交代安全措施，告知危险点和安全注意事项。

（3）监督被监护人员执行本规程和现场安全措施，及时纠正不安全行为。

（4）及时发现并制止被监护人违章指挥、违章作业和违反劳动纪律的行为。

（六）工作班（作业）人员

（1）熟悉工作内容、工作流程，掌握安全措施，明确工作中的危险点，并履行签名确认手续。

（2）遵守各项安全规章制度、技术规程和劳动纪律。

（3）服从工作负责人的指挥和专责监护人的监督，执行现场安全工作要求和安全注意事项。

（4）发现现场安全措施不适应工作时，应及时提出异议。

（5）相互关心作业安全，不伤害自己，不伤害他人，不被他人伤害和保护他人不受伤害。

（6）正确使用工器具和劳动防护用品。

（七）配电抢修流程

灾害发生→巡视（发现故障）→隔离故障→初步评级制订整改计划→现场抢险→验收→恢复供电

（1）故障定位。

1）灾害发生时，如需要对设备进行巡视，应制订必要的安全措施，巡视人员应按照设备运维单位的统一安排，至少两人一组，巡视人员还应与派出部门之间保持通信联络。巡视应始终认为线路、设备带电，即使明知该线路、设备已停电，亦应认为线路、设备随时有恢复送电的可能。

2）巡视人员发现导线断落地面或悬吊空中，应设法防止行人靠近断线地点8m以内，并迅速报告上级。低压配电网巡视时，禁止触电碰裸露带电部位。

3）恶劣气象条件下事故巡线应依据实际情况配备必要的防护用具、自救器具和药品。

（2）现场勘察、制订抢险方案（附录1-11）。

1）现场勘察应查看检修（施工）作业需要停电的范围、保留的带电部位、装设接地线的位置、邻近线路、交叉跨越、多电源、自备电源、地下管线设施和作业现场的条件、环境及其他影响作业的危险点。

2）工作方案应根据现场勘察结果，依据作业的危险性、复杂性和困难程度，制订有针对性的组织措施、安全措施和技术措施。

3）作业开工前，工作负责人或许可人若认为现场实际情况与原勘察结果可能发生变化时，应重新核实，必要时应修正、完善相应的安全措施。

（3）抢险作业。

1）灾后抢修应合理安排工期和资源，确保抢修作业人员的人身安全。开展抢修工作应做好风险分析和安全措施，防止发生次生灾害，在抢修过程中无法保证人身安全的，应当从危险区域内撤出作业人员，疏散可能危及的其他人员，设置警戒标识。灾后抢修应办理紧急抢修单或相应的工作票，作业前应确认设备状态符合抢修安全措施要求。

2）在电气设备上工作，保证安全的技术措施由运行人员或有相应资格的人员执行，并应有监护人在场。跌落式熔断器熔管应摘下或在操作部位悬挂"禁止合闸，线路有人工作！"标示牌。

3）在停电的电气设备上接地（装设接地线或合接地开关）前，应先验电，验明电气设备确无电压。高压验电时应戴绝缘手套，并有专人监护。验电前，验电器应先在相应电压的有电设备上确证验电器良好；验明设备确无电压后，应立即将检修设备接地并三相短路。电缆及电容器接地前应逐相充分放电。装拆接地线应有人监护，人体不应碰触未接地的导线。

4）工作地段有邻近、平行、交叉跨越及同杆塔线路，需要接触或接近停电线路的导线工作时，应装设接地线或使用个人保安线。装设接地线、个人保安线时，应先装接地端，后装导体（线）端，拆除接地线的顺序与此相反。接地线或个人保安线应接触良好、连接可靠。装拆接地线导体端应使用绝缘棒，人体不应碰触接地线。带接地线拆设备接头时，应采取防止接地线脱落的措施。高压配电线路和低压配电网装拆接地线时应戴绝缘手套。不得采用缠绕的方法进行接地或短路。接地线应使用专用的线夹固定在导体上。

5）工作人员不应擅自移动或拆除遮栏（围栏）、标示牌，不应越过遮栏（围栏）工作。因工作原因必须短时移动或拆除遮栏（围栏）、标示牌，应征得工作许可人同意，并在工作负责人的监护下进行，完毕后应立即恢复。在城区、人口密集区、通行道路上或交通道口施工时，工作场所周围应装设遮栏（围栏），并在相应部位装设交通警示牌。必要时，派专人看管。

（4）保证安全的组织措施。

1）现场勘察应查看检修（施工）作业需要停电的范围、保留的带电部位、装设接地线的位置、邻近线路、交叉跨越、多电源、自备电源、地下管线设施和作业现场的条件、环境及其他影响作业的危险点。

2）工作方案应根据现场勘察结果，依据作业的危险性、复杂性和困难程度，制定有针对性的组织措施、安全措施和技术措施。

3）工作负责人根据现场实际情况填写相应工作票，工作票由工作票签发人审核无误后签发，不直接管理本设备的外单位办理需签发工作票时应实行"双签发"，先由工作负责人所在单位签发，再由本设备运维单位会签。工作票应提前一天以纸质或电子文档形式送达许可部门，由值班负责人接收并审核。作业开工前，工作负责人或许可人若认为现场实际情况与原勘察结果可能发生变化时，应重新核实，必要时应修正、完善相应的安全措施，或取消本次工作票重新签发、重新办理工作票。

4）工作票按设备调度、运行维护权限办理许可手续。涉及线路的许可工作，应按照"谁调度，谁许可；谁运行，谁许可"的准则。工作负责人办理完成工作许可手续，在工作地段各端装设好接地线，落实现场其他所需安全措施后，方可开始工作。

许可工作可采用当面、电话、派人、信息系统许可等方式。

三、抢修工作安全注意事项

（一）加强组织领导，落实人员安全责任

各抢修组负责人全面负责各点作业全过程的安全管理，每个抢修小组都必须配备足够的专职安全人员，确保每个作业点都必须有专职安全人员。所有参加抢修的人员必须服从领导指挥，严格遵守各项安全规定。

（二）必须把人员生命健康放在与抢修工作同等重要的位置安排落实

（1）现场抢修各单位，在安排布置抢修任务时，必须同时布置和落实保证人员生命健康的措施。

（2）现场抢修工作中，必须动态分析现场人身风险，在现场工作前，必须针对风险进行沟通、交底，明确双方安全职责、工作界面。

（3）每位抢修人员必须主动自觉执行防范人身伤害的基本安全措施，互相制止违章行为。

（三）加强个人安全防护

进入工作现场，必须戴安全帽，登高作业必须挂好安全带；穿越瓦砾、建筑物残骸或杂物等不平地面时，应注意跌倒、刺伤等危害。严禁人员带病作业或疲劳作业，合理控制杆上人员的工作时间，抢修进度要服从安全与质量。

（四）做好保证安全的组织措施和技术措施

各抢修单位要与当地运行单位密切配合，严格执行有关电力安全工作规程规定。抢修前必须做好现场勘察和技术交底工作，明确工作任务、工作分工、工作流程和安全注意事项后，方可开工。实施线路抢修作业，要严格履行工作许可制度和停电、验电、装设接地线等安全措施以及个人保安措施；要防止发电机返送电。

（五）高度注意高空作业安全

登高作业前，必须全面检查设备及基础的完好情况。登杆前必须仔细检查杆根、拉线及杆身情况，同时要检查相邻前后杆塔和线路的安全情况，不得盲目登杆作业。

（六）加强车辆维护保养和交通安全工作

指定专人负责车辆的安全管理工作，保证车况良好。驾驶员要做好行车安全风险评估与预控工作，严禁车辆运输和人力运输在对地形或道路没有安全把握的情况下强行通过。

（七）严格安全监督管理

安全监督人员要认真履行职责，严格现场监督检查管理，确保各项安全管理要求执行落到实处，做到防患于未然。

（八）抢修复电作业安全注意事项

1. 电气测量

（1）雷电天气时，禁止测量接地电阻、设备绝缘电阻及进行高压侧核相工作。沿线路出现雷雨天气时不应进行线路测量工作。

（2）电气测量时，人体与高压带电部位的距离不得小于表3-6-1（作业安全距离）的规定。

（3）非金属外壳的仪器，应与地绝缘，金属外壳的仪器和仪用变压器外壳应接地。

（4）电气测量工作，至少应由两人进行，一人操作，一人监护。夜间测量工作，应有足够的照明。

2. 机动车运输

装运超长、超高或重大物件时遵守以下规定：

（1）物件重心与车厢承重中心应基本一致。

（2）易滚动的物件顺其滚动方向必须用木楔卡牢并捆绑牢固。

（3）采用超长架装载超长物件时，在其尾部应设置警告的标志；超长架与车厢固定，物件与超长架及车厢必须捆绑牢固。

（4）押运人员应加强途中检查，防止捆绑松动；通过山区或弯道时，防止超长部位与山坡或行道树碰剐。

3. 非机动车运输

（1）装车前应对车辆进行检查，车轮和刹车装置必须完好。

（2）下坡时应控制车速，不得任其滑行。

4. 人工运输和装卸

（1）在山地陡坡或凹凸不平之处进行人工运输，应预先制定运输方案，采取必要的安全措施。夜间搬运应有足够的照明。

（2）人工运输的道路应事先清除障碍物；山区抬运笨重物件或钢筋混凝土电杆的道路，其宽度不宜小于1.2m，坡度不宜大于1:4。

（3）重大物件不得直接用肩扛运；抬运时应步调一致，同起同落，并应有人指挥。

（4）人力运输用的工器具应牢固可靠，每次使用前应进行检查。

（5）雨雪后抬运物件时，应有防滑措施。

（6）用跳板或圆木装卸滚动物件时，应用绳索控制物件。物件滚落前方严禁有人。

5. 砍树（竹）、抬杆、挖杆洞

（1）树竹砍伐。注意防止破坏导线设备。

1）树障清理时，应控制其倾倒方向，不得多人对向砍伐或在安全距离不足的相邻处砍伐，树（竹）倾倒的安全距离应为其高度的1.5倍。

2）在茂密的林中或路边砍伐时，应设监护人，树木倾倒前应呼叫警告，砍伐人员应控制树木倾倒方向，如无法控制方向应使用绳索控制倒向，并向倾倒的相反方向躲避。

3）砍伐工具在使用前应做检查，砍刀手柄应安装牢固、油锯锯条安装牢固。

4）在深山密林中应防止误踩深沟、陷阱；应穿硬底鞋，人员不得单独远离抢修场所。

5）砍伐竹子时，应站在竹子弯曲或倾倒方向的侧面或采用绳索（细铁丝）绑扎砍伐位置的上方，以防止竹子迸裂伤害到人。

6）由于地震后造成土质松软、岩石滚动，容易发生次生灾害，应有专人观察、注意，如有二次灾害发生立即撤出施工现场。

（2）抬运电杆等大件物品。

1）抬运物件要注意防滑，应全过程防止因道路湿滑造成人员行走滑倒摔伤事件；搬运电杆等大件物品，要预先对通道进行防滑处理。

2）电杆等大件物品不得直接用肩扛运，多人抬杆应使用绳索和抬杆棍，抬每根杆的过程，应专人指挥，抬杆时应同肩，步调一致，起放电杆时应相互呼应同起同放；指挥员必须认真观察人员行走的位置、状况，发现异常应立即采取措施。雨后抬运物件时应有防滑措施。

3）抬运电杆，电杆离地高度不宜超过400mm；过沟壑时应充分考虑换步的位置和转角的位置。

（3）挖杆洞。

1）杆洞的上山坡如有浮石，必须先清除上山坡浮动土石，严禁上、下坡同时撬挖，土石滚落下方不得有人。

2）挖掘泥水坑、流沙坑时，应采取安全技术措施；使用挡土板时，应经常检查其有无变形或断裂现象。

3）抢修人员不得在开挖后堆放的松散堆石上行走，挖掘人员使用铁镐、锄头等工具时，对面不得站人。

4）坑底面积超过2m²时，可由2人同时挖掘，但不得面对面作业。作业人员不得在坑内休息。

5）挖掘出的土堆离坑洞边缘应在800mm以上。

6. 立杆、撤杆和杆上作业

（1）杆坑开挖时，必须选好杆位，尽量不靠近建筑物基础和易塌方地带。挖掘人员使用铁镐、锄头等工具时，对面不得站人。

（2）人员在超过1.5m深的坑内作业时，挖掘出的土堆离坑洞边缘应在80cm以上，防止土石回落坑内打伤挖坑人员。作业人员不得在坑内休息。

（3）在路边进行线路施工，必须设置围网和警示标示，防止被途经车辆伤害。

（4）用叉杆立杆必须挖好马槽，两侧人员发力要均匀。8m以上电杆禁止采用叉杆立杆方式。

（5）撤杆作业应由有经验的人员统一指挥。工作负责人在开工前必须勘察施工现场，向作业人员交代施工方法、指挥信号和安全措施，工作人员要明确分工、密切配合、服从指挥。

（6）旧杆登杆作业前必须检查至少一个耐张段的杆根和杆塔、导线情况，防止杆上作业时应力发生变化导致倒杆。

（7）严禁攀登有严重裂纹或严重倾斜的混凝土杆，裂纹严重无法采取补强措施而随时有断裂的应采取破坏性拆除。

（8）在邻近带电线路旁或带电线路下方（交叉跨越）施工时，应勘察线路路径，保证足够的安全距离，必要时应对带电线路进行停电。

7．材料运输

（1）机动车运送整体设备时，必须用绳索绑牢，严禁人货混装。

（2）机动车运输电杆必须绑扎牢固，电杆重心尽量和车辆重心一致。防止电杆滚动伤人或车辆倾覆。

（3）装卸电杆应防止散堆伤人，统一指挥，统一信号。当分散装卸时，每卸完一处，检查车辆重心，必须将车上的电杆绑扎牢固后，方可继续运送。

（4）用绞磨钢丝绳牵引电杆上山，必须将电杆绑牢，钢丝绳不得触磨地面，电杆两侧5m以内不得有人停留或通过。

模块四　抢修供电

第一节　配网抢修施工技术规范

一、原材料及器材

（1）架空电力线路工程所使用的原材料、器材，具有下列情况之一者，应重做检验：

1）超过规定保管期限者。

2）因保管、运输不良等原因而有变质损坏可能者。

3）对原试验结果有怀疑或试样代表性不够者。

（2）架空电力线路使用的线材，架设前应进行外观检查，且应符合下列规定：

1）不应有松股、交叉、折叠、断裂及破损等缺陷。

2）不应有严重腐蚀现象。

3）钢绞线、镀锌铁线表面镀锌层应良好，无锈蚀。

4）绝缘线表面应平整、光滑、色泽均匀，绝缘层厚度应符合规定。绝缘线的绝缘层应挤包紧密，且易剥离，绝缘线端部应有密封措施。有印刷清晰的生产厂家名称、规格型号、电压等级及长度标识。

（3）为特殊目的使用的线材，除应符合上列规定第（2）条外，尚应符合设计的特殊要求。

（4）各种连接螺栓宜有防松装置。防松装置弹力应适宜，厚度应符合规定。

（5）由黑色金属制造的附件和紧固件，应采用热浸镀锌制品。金属附件及螺栓表面不应有裂纹、砂眼、锌皮剥落及锈蚀等现象，表面光洁，无裂纹、毛刺、飞边、砂眼、气泡等缺陷。

（6）金具组装配合应良好，安装前应进行外观检查，且应符合下列规定：

1）表面光洁，无裂纹、毛刺、飞边、砂眼、气泡等缺陷。

2）镀锌良好，无锌皮剥落、锈蚀现象。

（7）绝缘子及瓷横担绝缘子安装前应进行外观检查，且应符合下列规定：

1）瓷件与铁件组合无歪斜现象，且结合紧密，铁件镀锌良好。

2）瓷釉光滑，无裂纹、缺釉、斑点、烧痕、气泡或瓷釉烧坏等缺陷。

3）弹簧销、弹簧垫的弹力适宜。

（8）环形钢筋混凝土电杆安装前应进行外观检查，且应符合下列规定：

1）表面光洁平整，壁厚均匀，无露筋、跑浆等现象。

2）放置地平面检查时，应无纵向裂缝，横向裂缝的宽度不应超过0.1mm。

3）杆身弯曲不应超过杆长的1/1000。

（9）预应力混凝土电杆安装前应进行外观检查，且应符合下列规定：

1）表面光洁平整，壁厚均匀，无露筋、跑浆等现象。

2）应无纵、横向裂缝。

3）杆身弯曲不应超过杆长的1/1000。

（10）混凝土预制构件的制造质量应符合设计要求。表面不应有蜂窝、露筋、纵向裂缝等缺陷。

二、基础部分

（一）电杆基坑

（1）基础的型式应根据线路沿线的地形、震后地质、材料来源、施工条件和杆塔型式等因素综合确定，应考虑地下水位季节性的变化。位于地下水位以下的基础和土壤应考虑水的浮力并取有效重度：

1）位于水田、泥塘和堤坝等地质条件较差地区的混凝土电杆，可通过增加基础埋深、加设卡盘和地基处理等措施，提高基础的抗倾覆能力。

2）位于江河岸边或洪泛区的基础，应收集水文地质资料，必须考虑冲刷作用和漂浮物的撞击影响，并应采取相应的保护措施。

3）原状土基础在计算上拔稳定时，抗拔深度应扣除表层非原状土的厚度。

4）基础埋设深度应计算确定。基础地质条件不良的钢筋混凝土杆，宜尽可能加大基础埋深，必要时以电杆为中心，用低标号混凝土或浆砌块石围堤加固。

5）岩石基础应根据有关规程、规范进行鉴定，并宜选择有代表性的塔位进行试验。

6）地震过后往往带来强降雨，进而容易造成各种次生灾害。而地质不良地带是最易发生次生灾害的区域。杆塔定位时应避开这些区域，如无法避开，也应采取相应的防护措施，防止因基础受损而引起杆塔倾斜或沉陷。

（2）基坑施工前的定位应符合下列规定：

1）直线杆：顺线路方向位移不应超过设计档距的5%，垂直线路方向不应超过50mm。

2）转角杆：位移不应超过50mm。

（3）基坑使用底盘时，坑底表面应保持水平，底盘安装尺寸误差应符合下列规定：

1）双杆两底盘中心的根开误差不应超过30mm。

2）双杆的两杆坑深度差不应超过20mm。

3）变压器双杆根开为2850mm。

（4）杆塔基础的坑深应以设计基面为基准。电杆埋深按常规地质考虑，经计算得出结果。

（5）根据基坑开挖尺寸先挖出样洞，深度约300mm。样洞直径宜比设计的基础尺寸小，相差在30～50mm。样洞挖好后应复测根开、对角线等尺寸，符合设计要求后方能继续开挖。

（6）遇特殊地质时，应增设底盘。

（7）电杆基础采用卡盘时，应符合下列规定：

1）卡盘上口距地面不应小于500mm。

2）直线杆：卡盘应与线路平行并应在线路电杆左、右侧交替埋设。

3）承力杆：卡盘埋设在承力侧。

（8）人工立杆时必须开滑坡（马道）。

（9）成品工艺要求：

1）接地及混凝土杆基础坑顶部和底部尺寸符合设计尺寸要求。

2）接地及混凝土杆基础坑深度符合设计要求。

3）接地极防腐处应采用红丹漆涂抹均匀，再采用红粉漆均匀粉刷。

4）混凝土杆基础坑场地平整，坑内光滑、牢固。

（二）拉线基坑

（1）拉线坑基础开挖（由设计人员根据现场地形地质条件进行选取）：

1）拉线基坑开挖时，应装设围栏或加盖板，夜间必须挂夜间警示牌。

2）拉线基坑开挖余土、杂物必须进行装袋或封闭作业。

3）按照进度敷设施工图对拉线坑进行定位放线，开挖时拉线基础槽挖深为190cm，顶部、底部宽（60×60）cm，开马槽口长120cm，宽为20cm，坑底应清洁干净。

（2）拉线坑的深度允许偏差为：+10cm，-5cm。

（3）拉线基础的允许偏差应符合下列规定：

1）基础尺寸偏差：断面尺寸：-1%；拉环中心与设计位置的偏移：20mm。

2）基础位置偏差：拉环中心在拉线方向前、后、左、右与设计位置的偏差：$1\%L$，L为拉环中心至杆塔拉线固定点的水平距离。

3）拉棒应与拉线方向对应并不得弯曲，拉盘埋入时拉盘的平面要与拉棒垂直，拉线棒与拉线盘的连接应使用双螺母。

（三）接地基础

施工基面的处理应以施工图要求为准。基面处理后应平整，不应积水，边坡不应坍塌，及时清除周边的浮石、悬石，边坡、临边开挖根据要求装设防护措施。

基坑开挖注意事项：

（1）基坑开挖时，应装设围栏或加盖板，夜间必须挂警牌。

（2）基坑开挖余土、杂物必须进行装袋或封闭作业。

（3）按照进度敷设施工图对接地沟槽进行定位放线，开挖时接地沟槽挖深为

80cm，顶部宽为50cm，底部宽为20cm，沟底清洁干净。

（4）基坑开挖后应平整，不应有石块或其他影响接地体与土壤紧密接触的杂物。

（5）混凝土杆基础开挖应按照分好的尺寸进行开挖，基础顶部尺寸为140cm，底部尺寸为100cm。

（6）开挖应减少需开挖以外地面的破坏，合理选择弃土的堆放点，以保护自然植被及环境，基面开挖后应平整，不应积水，边坡不应坍塌。

（7）挖底面积小于2m²时，允许1人挖掘。向坑外抛土时，应防止土石块回落伤人，不允许停留在坑内休息。

（四）电杆基坑回填

（1）电杆回填时应清除坑内积水、杂物等。回填土应将土块打碎，回填平整，每回填30cm应夯实一次。

1）一般土质的回填，每填入30cm厚要夯实一次。夯实时应不使基础移动和倾斜，土中可掺块石，但树根、树枝等杂草必须清除。

2）对于岩石基础在回填时应按设计要求比例掺土，以减少空隙，保证基础的稳定。若设计无规定时，可按石与土的比例为3:1均匀掺土夯实。

3）冻土的坑回填时，应清除坑内冰雪，将大冻块打碎并掺以碎土，冻土块最大允许尺寸为15cm，且不允许夹杂冰雪快。

4）对不易或无法夯实的大孔性土壤，淤泥流沙等基坑，回填时应按设计要求进行。

（2）电杆、拉线基坑宜设置防沉土层。防沉土层上部边宽不得小于坑口边宽；培土高度为30～50cm。基础顶面低于防沉层时，应设置临时排水沟，以防基础顶面积水，经过沉降后应及时回填夯实。硬化路面可不留防沉土台，但应恢复原貌。

（五）接地及拉线盘基坑回填

（1）接地沟、槽的选取无石块及杂物的泥土回填，回填时应按分层填筑厚度小于20cm进行夯实，在回填后的沟面应设有防沉层，其高度为20～30cm。

（2）埋设拉线盘的拉线坑应有滑坡（马道），在拉线易受洪水冲刷的地方应设保护。

（3）拉线棒露出地面长度不大于50cm。

（4）接地体敷设宜和基础施工同步进行。

（5）敷设垂直、水平接地体应满足以下规定：

1）当附近有电力线路时，应了解原线路的接地体走向，避免两线路间的接地体相连。

2）接地敷设时，应避开地埋电缆及其他设施。

3）有腐蚀性的土层中，应采取相应的防腐措施。

（六）场地清理

施工完毕应及时做好场地平整、余土处理工作，做到工完、料尽、场地清。

三、线路部分

（一）电杆组立

（1）立杆方式采用人工立杆（人字抱杆立杆）、机械立杆（吊车立杆）等方式。

（2）电杆表面应光洁平整，壁厚均匀，无露筋、跑浆、裂纹等现象，杆身弯曲不应超过杆长的1‰，电杆顶端应封堵良好。

（3）分段式电杆组装后，分段连接处的弯曲度不得超过整杆长度的2‰。

（4）抱杆立杆。

1）抱杆起吊点与锚固点的距离，可选取抱杆高度的1.2～1.5倍，锚固点、抱杆、混凝土杆必须设置在同一直线上；现场土质较差时，必须在抱杆脚部绑扎横道木或在底部加枕木（板），以防止抱杆起吊受压后下沉；桩锚或锚固点的设置应视现场实际情况确定，通常使用两联桩锚、三联桩锚或多联桩锚的形式，或选现场合适的锚固点，但各锚固点必须设专人看管。

2）现场应设专人指挥，明确指挥信号。牵引场（点）的设置要合理并安全可靠，牵引钢丝绳要由有经验的人看管。

3）严禁使用汽机或拖拉机直接牵引起吊混凝土杆。

4）抱杆立杆起吊速度应匀速缓慢进行，避免冲击力冲击抱杆，混凝土杆起吊过程中应避免碰撞抱杆，混凝土杆起吊至离地50～100cm时，应停止起吊，全面检查拉线及各锚固点是否牢固，检查确认混凝土杆的弯曲度及焊接口情况无异常后，方可继续起吊。

5）使用滑轮立杆时：混凝土杆质量为500～1000kg时，可采用走一起一滑轮组牵引；混凝土杆质量为1000～1500kg时，可采用走一起二滑轮组牵引；混凝土杆质量为1500～2000kg时可选用走二起二滑轮组牵引。

6）吊装15m以下的混凝土杆时可用单点绑扎，绑点可选取抱杆起吊的有效高度加适当裕度或选取重心点以上，钢丝绳不易滑动的位置。

7）混凝土杆起吊应设2根或以上调整绳，每根绳应由专人拉住控制混凝土杆起吊。混凝土杆竖立进坑时应特别注意抱杆和各锚固点的受力情况，要用人扶持混凝土杆找正坑中，并须缓慢放松牵引绳。

8）双抱杆的根开应根据抱杆的高度来确定，一般取抱杆高度的0.35～0.4倍。

9）抱杆倾角（又称初始角）的大小与抱杆的有效高度、本身强度和受力情况有直接关系，一般不应超过15°。

10）混凝土杆起吊不宜附挂过多的横担、金具等重物，以免损伤混凝土杆。

（5）起重机立杆。

1）起重机按施工方案中的起重机吊装工作半径就位，支腿承点必须牢固可靠，在土质松软的地方应加设枕木或钢板。

2）起吊过程中应设现场指挥员，明确指挥信号，因有障碍影响视线时可适当增设信号传递员，吊车司机接收到任何人发出的停止信号，必须立刻停止起吊。

3）起重机起吊电杆，吊钩防脱装置必须有效可靠，防止电杆脱钩伤人。

4）在邻近带电线路吊装电杆时，起重机必须接地良好，与带电体的最小安全距离应符合安全规程的规定。

5）电杆起吊应设2～3根调整绳，每根绳应由专人拉住控制电杆起吊。

6）按吊装重量及钢丝绳的安全系数选取吊装钢丝绳套及卸扣。

7）吊装15m以下的电杆时可用单点绑扎，绑点可选电杆重心高1~2m处，或重心点以上，钢丝绳不易滑动的位置。

8）钢筋混凝土电杆起吊不宜附挂过多的横担、金具等重物，以免因重量增加吊点裂纹而损伤电杆。

9）电杆起吊至离地50~100cm时，应停止起吊，检查吊车支撑点的受力情况和电杆的弯曲度及焊接口情况，如吊点不理想，可校正钢丝绳套的吊点位置，一切正常后方可起吊就位，电杆竖立进坑时要用人扶持找正坑中。

（6）立杆后，直线杆的横向位移不应大于50mm，直线杆梢位移不应大于杆梢直径的1/2，转角杆横向位移不得大于50mm，且应向外角预偏，其杆梢位移应不大于杆梢直径，紧线后不应向内角倾斜。终端杆应向拉线侧预偏，其预偏值不应大于杆梢直径，紧线后不应向受力侧倾斜。

（7）双杆立好后应竖直，位置偏差不应超过下列规定数值：

1）双杆中心与中心桩之间的横向位移：50mm。

2）迈步：30mm。

3）两杆高低差：20mm（注：台变在终端安装时，应保证导线水平）。

4）根开：±30mm。

（8）混凝土杆应标明生产商永久性标识、型号与级别。

（二）铁附件金具与绝缘子安装

（1）金具及附件连接。

1）所有铁附件加工后须打磨去毛刺，保持光滑倒角处理。所有连接螺栓为6.8级，厂家标识、标注中文简称或企业注册标识。字体最小高度不小于20mm，永久标识必须清晰直观，距边端100~300mm，厂家标识与型号标识必须先标识再热镀锌。

2）以螺栓连接的构件应符合下列规定：

a．螺杆应与构件面垂直，螺头平面与构件间不应有空隙。

b．螺栓紧好后，螺帽外螺杆丝扣露出的长度不应小于3个丝牙。

c．必须加垫圈者，每端垫圈不应超过2个。

3）螺栓的穿入方向：

a. 立体结构：水平方向者由内向外，垂直方向者由下向上。

b. 平面结构：顺线路方向者，双面构件由内向外，单面构件由送电侧向受电侧；横线路方向者，两侧由内向外，中间由左向右（面向受电侧）；垂直方向者，由下而上。

4）导线选择大于等于120mm²以上时必须安装双横担。单横担安装时横担应装于受电侧，分支杆、90°转角杆及终端杆应装于拉线侧。

5）横担安装需选用相匹配的螺栓紧固，并加装垫圈。使用U型抱箍安装横担时，抱箍受力侧应紧贴杆体并与横担保持水平。

6）横担规格及外观检查应符合横担安装应平正，安装偏差应符合下列规定：

a. 横担端部上下歪斜不应大于20mm。

b. 横担端部左右扭斜不应大于20mm。

c. 横担与电杆连接处的高差不应大于连接距离的5‰。左右扭斜不应大于横担总长度的1%。

7）双杆横担与电杆连接处的高差小于等于0.5%连接距离，左右扭斜小于等于横担总长的1%。

8）金具安装型号匹配导线与线夹接触防护连接面平整牢固，导线与金具连接，牢固可靠，无漏件。

9）杆塔部件组装有困难时应查明原因，严禁强行组装。个别螺孔需扩孔时，应采用冷扩，扩孔部分不应超过原孔径3mm。

（2）绝缘子安装应符合下列规定：

1）安装应牢固，连接可靠，防止积水。

2）绝缘子的选择性应与杆型、导线规格相匹配，直线杆一般选用针式绝缘子或瓷横担，耐张杆选用悬式绝缘子。在引流线向下须固定时采用瓷横担固定。

3）绝缘子安装在横担上应固定可靠，无松动。安装时应清除表面灰垢、泥沙等附着物及不应有的涂料。

4）重要交叉跨越，如跨越通航河流、一级以上公路、铁路及其他重要跨越物时宜采用电缆敷设，当采用架空线路跨越时应采用独立耐张段，且绝缘子采用双固定方式。不具备条件的应使用双针、双瓷、双横担绝缘子。

5）悬式绝缘子安装，应符合下列规定：

a．与电杆、导线金具连接处，无卡压现象。

b．耐张串上的弹簧销、螺栓及穿钉应由上向下穿。当有特殊困难时可由内向外或由左向右穿入。

c．悬垂串上的弹簧销、螺栓及穿钉应向受电侧穿入。两边线应由内向外，中线应由左向右穿入。

d．采用的闭口销或开口销不应有折断、裂纹等现象。当采用开口销时应对称开口，开口角度应为30°～60°。闭口销的直径必须与孔径配合，且弹力适度。严禁用线材或其他材料代替闭口销、开口销。

（3）绝缘子裙边与带电部位的间隙不应小于50mm。

（4）瓷悬式绝缘子装前应采用不低于2500V的绝缘电阻表逐个进行绝缘电阻检测。在干燥情况下，绝缘电阻值不得小于300MΩ。

（5）绝缘子的选择性应与杆型、导线规格相匹配，直线杆一般选用针式绝缘子或瓷横担，耐张杆选用悬式绝缘子。引流线向下须固定时采用瓷横担固定。

（6）瓷横担绝缘子安装应符合下列规定：

1）直立安装时，顶端顺线路歪斜不应大于10mm。

2）水平安装时，顶端宜向上翘起5°～15°；顶端顺线路歪斜不应大于20mm。

3）当安装于转角杆时，顶端竖直安装的瓷横担支架应安装在转角的内角侧（瓷横担应装在支架的外角侧）。

4）全瓷式瓷横担绝缘子的固定处应加软垫。

（7）金具组装配合应良好，安装前应进行外观检查，应符合下列规定：

1）表面光洁，无裂纹、毛刺、飞边、砂眼、气泡等缺陷。

2）线夹转动灵活，与导线接触面符合要求。

3）金属部件无磨损、裂纹、锈蚀开焊、镀锌良好，无锌皮剥落现象。

4）金具闭口销齐全，直径与孔径相配合，且弹力适度。开口销应开口，开口销及弹簧销无缺少、代用或脱出情况。

5）线夹不应发生松脱损坏，连接螺栓不应发生松动，外观鼓包、裂纹、烧伤、滑移或出口处断股。

6）压接管、补修管不应发生弯曲严重、开裂情况。

7）防震锤不应发生位移、重锤脱落情况。

8）采用绝缘导线时应使用绝缘楔型耐张线夹，型号应与导线截面相匹配。

9）引流线连接应使用并沟线夹，绝缘线应有绝缘护罩，金具规格与导线截面相匹配。

（8）绝缘子及瓷横担绝缘子安装前应进行外观检查，且应符合下列规定：

1）瓷件与铁件组合无歪斜现象，且结合紧密，铁件镀锌良好。

2）瓷釉光滑，无裂纹、缺釉、斑点、烧痕、气泡或瓷釉烧坏等缺陷。

3）弹簧销、弹簧垫的弹力适宜。

（9）各种连接螺栓宜有防松装置。防松装置弹力应适宜，厚度应符合规定。

（三）拉线安装

1．一般要求

（1）在线路的转角、分支、耐张、终端杆均应装设拉线。

（2）拉线抱箍应使用专用拉线抱箍，不得用其他抱箍代替。一般固定在距横担下方100mm处。拉线与电杆的夹角一般为40°～60°，不小于30°。安装后对地平面夹角与设计值的允许偏差为3°。受地形限制使用特殊拉线。

（3）拉线棒的直径不应小于16mm，采用热镀锌处理。腐蚀地区拉线棒直径应适当加大。

（4）空旷和风口地区10kV线路连续直线杆超过10基时，宜装设人字防风拉线。

（5）当一基电杆上装设多条拉线时，拉线不应有过松、过紧、受力不均匀等现象。

（6）配变台架拉线应装设拉线绝缘子，穿过带电体时应加装拉线绝缘子。应保证在拉线绝缘子以下断线时，绝缘子距地面不应小于2.5m。拉线绝缘子型号的选择应满足设计要求。

（7）拉线组件及其附件均应经过热镀锌处理，拉线宜采用镀锌钢绞线，截面不应小于50mm²。

（8）终端杆的拉线及耐张杆承力拉线应与线路方向对准，转角杆的拉线应与线路转角平分线方向对准，防风拉线应与线路方向垂直。

（9）跨越道路的水平拉线，对路边缘的垂直距离不应小于5m。拉线柱的倾斜角宜采用10°～20°。受地形和周围自然环境的限制不能安装普通拉线且受力较小时，可安装弓型拉线。

（10）底盘、拉盘、拉盘U型环、卡盘参照标准使用。

2．工艺制作要求

（1）拉线坑应有滑坡（马道），马道应与拉线角度保持一致。拉盘与拉盘U型环连接使用双螺母。

（2）采用UT型线夹及楔形线夹固定的拉线安装时：

1）楔形线夹舌板与拉线接触应紧密、牢固、无缝隙，受力后无滑动现象，线夹凸肚应在尾线侧、方向朝下，安装时不应损伤线股。

2）拉线弯曲部分不应有明显松股，拉线断头处与拉线主线应固定可靠，线夹处露出的尾线长度为300～500mm，尾线回头后与本线应扎牢。

3）UT线夹（上把）的螺杆应露扣，并应有不小于1/2螺杆丝扣长度可供调紧。调整后，UT线夹（下把）的双螺母应并紧，采取防盗措施。

4）当同一组拉线使用双线夹并采用连板时，其尾线端的方向应统一。

5）钢绞线上下把尾端的固定（上把300mm，下把500mm），应采用直径不小于10号的镀锌铁线绑扎固定，麻箍绑扎长度为40～50mm，麻箍应紧密，绑扎完毕后麻箍距离端头40～50mm，绑扎处应做防腐处理。

（四）导线架设

（1）导线型号应根据电力系统规划和工程实际条件综合确定，在确定了导线截面的前提下，结合线路本身的技术特点，特别是所处地区的地质特性，确定导线型号，即选用无钢芯线还是有钢芯线，选择钢芯截面的规格，选用绝缘导线还是裸导线。

（2）位于崖口、峡谷等微地形、微气象地区的线路，其所受风荷载一般大于普通线路段，也是地质灾害中最容易发生事故的环节，适当提高金具和绝缘子机械强度的安全系数有助于提高线路运行的安全性。

（3）导线在展放过程中，对已展放的导线应进行外观检查，不应发生磨伤、断股、扭曲、金钩、断头等现象。

（4）导线在同一处损伤，同时符合下列情况时，应将损伤处棱角与毛刺用0号砂纸磨光，可不作补修：

1）单股损伤深度小于直径的1/2。

2）钢芯铝绞线、钢芯铝合金绞线损伤截面积小于导电部分截面积的5%，且强度损失小于4%。

3）单金属绞线损伤截面积小于4%。

（5）当导线在同一处损伤需进行修补时，应符合下列规定：

1）损伤补修处理标准应符合表4-1的规定：

表4-1 导线损伤补修处理标准

导线类别	损伤情况	处理方法
铝绞线	导线在同一处损伤程度已经超过总拉断力的4%，但因损伤导致强度损失不超过总拉断力的5%时	以缠绕或修补预绞丝修理
铝合金绞线	导线在同一处损伤程度损失超过总拉断力的5%，但不超过17%时	以补修管补修
钢芯铝绞线	导线在同一处损伤程度已经超过总拉断力的4%，但因损伤导致强度损失不超过总拉断力的5%，且截面积损伤又不超过导电部分总截面积的7%时	以缠绕或修补预绞丝修理
钢芯铝合金绞线	导线在同一处损伤的强度损失已超过总拉断力的5%但不足17%，且截面积损伤也不超过导电部分总截面积的25%时	以补修管补修

2）当采用缠绕处理时，应符合下列规定：①受损伤处的线股应处理平整。②应选与导线同金属的单股线为缠绕材料，其直径不应小于2mm。③缠绕中心

应位于损伤最严重处，缠绕应紧密，受损伤部分应全部覆盖，其长度不应小于100mm。

3）当采用补修预绞丝补修时，应符合下列规定：

a．受损伤处的线股应处理平整。

b．补修预绞丝长度不应小于3个节距，或应符合现行国家标准《电力金具》预绞丝中的规定。

c．补修预绞丝的中心应位于损伤最严重处，且与导线接触紧密，损伤处应全部覆盖。

4）当采用补修管补修时，应符合下列规定：

a．损伤处的铝（铝合金）股线应先恢复其原绞制状态。

b．补修管的中心应位于损伤最严重处，需补修导线的范围应于管内各20mm处。

c．当采用液压施工时应符合国家现行标准《架空送电线路导线及避雷线液压施工工艺规程（试行）》的规定。

（6）导线在同一处损伤有下列情况之一者，应将损伤部分全部割去，重新以直线接续管连接：

1）损失强度或损伤截面积超过《架空送电线路导线及避雷线液压施工工艺规程（试行）》规定。

2）连续损伤其强度、截面积虽未超过《架空送电线路导线及避雷线液压施工工艺规程（试行）》规定，但损伤长度已超过补修管能补修的范围。

3）钢芯铝绞线的钢芯断一股。

4）导线出现灯笼的直径超过导线直径的1.5倍而又无法修复。

5）金钩、破股已形成无法修复的永久变形。

（7）导线的连接和绝缘处理：

1）导线的连接不允许缠绕，应采用专用的线夹、接续金具连接。

2）在同一耐张段内，不能使用不同金属、不同规格、不同绞向的导线。

3）在一个档距内，每根导线只允许有一个承力接头，接头距导线固定点的距离不应小于0.5m。

4）剥离绝缘层应使用专用切削工具，不得损伤导线，切口处绝缘层与线芯宜有45° 倒角。

　　5）绝缘线连接后必须进行绝缘处理。绝缘线的全部端头、接头都要进行绝缘护封，不得有导线、接头裸露，防止进水。

　　6）绝缘线接头应符合下列规定：

　　a. 线夹、接续管的型号与导线规格相匹配。

　　b. 压接头的机械强度不应小于导体计算拉断力的90%。

　　c. 导线接头应紧密、牢靠、造型美观，不应有重叠、弯曲、裂纹及凹凸现象。

　　（8）导线接续。导线与接续管采用钳压连接，应符合下列规定：

　　1）接续管型号与导线的规格应配套。

　　2）压口数及压后尺寸应符合表4-2的规定。

表4-2　钳压压口数及压后尺寸

导线型号（mm²）		压口数	压后尺寸D（mm）	钳压部位尺寸（mm）		
				a_1	a_2	a_3
钢芯铝绞线	LGJ—16/3	12	12.5	28	14	28
	LGJ—25/4	14	14.5	32	15	31
	LGJ—35/6	14	17.5	34	42.5	93.5
	LGJ—50/8	16	20.5	38	48.5	105.5
	LGJ—70/10	16	25.0	46	54.5	123.5
	LGJ—95/20	20	29.0	54	61.5	142.5
	LGJ—120/20	24	33.0	62	67.5	160.5
	LGJ—150/20	24	36.0	64	70	166
	LGJ—185/25	26	39.0	66	74.5	173.5
	LGJ—240/30	2×14	43.0	62	68.5	161.5

3）压口位置、操作顺序应按图4-1进行。

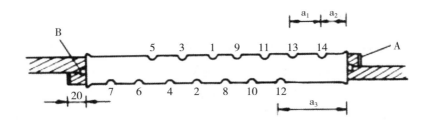

图4-1 钳压管连接图

1、2、3、… —压接操作顺序；A—绑线；B—衬条

4）钳压后导线端头露出长度，不应小于20mm，导线端头绑线应保留。

5）压接后的接续管弯曲度不应大于管长的2%，有明显弯曲时应校直。

6）压接后或校直后的接续管不应有裂纹。

7）压接后接续管两端附近的导线不应有灯笼、抽筋等现象。

8）压接后接续管两端出口处、合缝处及外露部分，应涂刷电力复合脂。

9）压后尺寸的允许误差，铝绞线钳接管为±1.0mm；钢芯铝绞线钳接管为±0.5mm。

（9）10kV及以下架空电力线路的导线，当采用缠绕方法连接时，连接部分的线股应缠绕良好，不应有断股、松股等缺陷（仅限于紧急抢修中使用）。

（10）10kV及以下架空电力线路在同一档距内，同一根导线上的接头，不应超过1个。导线接头位置与导线固定处的距离应大于500mm，当有防震装置时，应在防震装置以外。

（11）10kV及以下架空电力线路的导线紧好后，弧垂的误差不应超过设计弧垂的±5%。同档内各相导线弧垂宜一致，水平排列的导线弧垂相差不应大于50mm。

（12）采用接续管连接的导线，接后的握着力与原导线或避雷线的保证计算拉断力比，应符合下列规定：

1）接续管不小于95%。

2）螺栓式耐张线夹不小于90%。

（13）导线紧好后，线上不应有树枝等杂物。

（14）导线的固定应牢固、可靠，且应符合下列规定：

1）直线转角杆：对针式绝缘子，导线应固定在转角外侧的槽内。对瓷横担绝缘子导线应固定在第一裙内。

2）直线跨越杆：导线应双固定，导线本体不应在固定处出现角度。

3）裸铝导线在绝缘子或线夹上固定应缠绕铝包带，缠绕长度应超出接触部分30mm。铝包带的缠绕方向应与外层线股的绞制方向一致。

4）导线与绝缘子绑扎连接时，绑扎应致密平滑、均匀、无硬弯，长度不小于导线直径的25倍，裸导线绑扎用的扎线应选用与导线同金属的单股线，其直径不应小于2mm。绝缘导线采用绝缘线绑扎，直径不小于2.5mm。

a．颈部绑扎：绑扎连接时应接触紧密均匀、无硬弯，把扎线盘成一个盘，留出一个短端其长度为250mm左右，用短端先贴在瓷瓶处的导线左侧，缠绕3圈，然后顺序使扎线把导线和瓷瓶嵌线槽交绑成X形，再扎线长端绑扎围绕到导线右侧的上方，紧密缠绕导线3圈后，向无导线侧绕去，与扎线段紧绞6圈后剪去余端。绑扎要求必须平整、整齐和牢固，要防止钢丝钳伤导线和扎线。

b．顶部绑扎法：把导线嵌入瓷瓶顶嵌线路槽内，并在瓷瓶一侧的导线上加上扎线。扎线也盘成圈状，留出250mm，在导线上绕3圈，然后扎线顺时针转到瓷瓶的另一侧导线上缠绕3圈，扎线再顺时针转到原先那侧在原3圈外侧再缠绕3圈，最后又转到另一侧原3圈外侧缠绕3圈，扎线在导线上缠绕方向均为从导线下部进入，从导线下部穿出，转向另外一侧。此后扎线顺时针围绕到导线右边外侧，并斜压住顶槽中导线。继续扎在左边内侧。接着扎线从左边内侧逆时针绕到导线右边的内侧，使顶部槽中导线被扎线压成X状。最后扎线从导线右边外侧按顺时针方向围绕到扎线短端处，并相交于瓷瓶中间进行互绞6圈后剪除余端。

5）绝缘线必须使用专用耐张线夹。

6）当采用并沟线夹连接引流线时，线夹数量不应少于2个。连接面应平整、光洁。导线及并沟线夹槽内应清除氧化膜，涂电力复合脂。

7）10kV及以下架空电力线路的引流线（跨接线或弓子线）之间、引流线与主干线之间的连接应采用并沟线夹连接。在应急抢修情况下可采用绑扎法并符合下列规定：

a．不同金属导线的连接应有可靠的过渡金具。

b．同金属导线，当采用绑扎连接时，绑扎长度应符合表4-3的规定。

表4-3　绑扎长度值

导线截面（mm²）	绑扎长度（mm）
35及以下	≥150
50	≥200
70	≥250

c．绑扎连接应接触紧密、均匀、无硬弯度；引流线应呈均匀弧度。

d．当不同截面导线连接时，其绑扎长度应以小截面导线为准。

e．绑扎用的绑线，应选用与导线同金属的单股线，其直径不应小于2.0mm。

f．1～10kV线路每相引流线、引下线与邻相的引流线、引下线或导线之间应留有滴水弯，安装后的净空距离不应小于300mm；1kV以下电力线路，不应小于150mm。

g．绑扎用的绑线，应选用与导线同金属的单股线，其直径不应小于2.0mm。

（15）引流线：10kV配电线路每相的过引线、引下线与邻相的过引线、引下线或导线之间的净空距离，不应小于300mm。导线与拉线、电杆间的最小间隙不应小于200mm，引流线应呈均匀弧度，导线规格50mm²及以上时应采用并沟线夹连接，线夹连接处必须缠绕铝包带且线夹数量不应少于2个，在引流线下方有拉线的，引流线在横担上方制作，且有绝缘子支撑固定。

（16）重要交叉跨越如铁路、一级以上公路等，必须使用独立耐张段并严格控制导线不得有中间接头。

（17）导线展放时宜使用放线架，使用滑轮过渡，对已展放的导线应进行外观检查，不应发生磨伤、断股、扭曲、金钩、断头等现象。

（18）线路与高于10kV线路交叉时，只能从下方穿越；线路与10kV非公用线路交叉时，宜从上方跨越，线路与铁路及1、2级以上的公路交叉时，采用独立耐张段，独立耐张段的档数不得大于3档，导线不得出现接头，横担、绝缘子做加强处理。

（19）导线对地距离应符合表4-4要求。

表4-4　10kV线路对地、跨越距离（m）

X区域对象	垂直距离（最大弧垂）		水平距离（最大风偏）	
	裸导线	绝缘导线	裸导线	绝缘导线
居民区	6.5	6.5		
非居民区	5.5	5.5		
交通困难地区	5.0	4.5		
铁路	7.5	7.5		
公路	7.0	7.0		
建筑物	3.0	2.5	1.5	0.75
树木	1.5	0.8	2.0	1.0

（20）验电接地环：

1）绝缘线路须安装验电接地环，安装在距耐张线夹200mm处。

2）配变台架验电接地环须安装在进线侧。

3）10kV绝缘线路在主干线、次干线、分支线的首端、末端处装设验电接地环。

4）线路长度每超过0.5km时，须在适当位置（耐张杆）增设验电接地环。

（21）安健环：

1）标识牌的尺寸准确，轴线通直，线条平直、顺畅、平整，棱角工艺美观，安装必须牢固可靠。

2）螺栓等布设整齐美观，连接面搭接平整。

3）"杆号牌"标牌，悬挂高度为3400mm。标牌采用不锈钢扎带绑扎。

4）10kV相序牌面朝送电侧，A、C相用M10不锈钢螺栓，固定在横担上，螺栓钉穿入方向由送电侧至受电侧；B相固定用M10螺栓，固定在电杆顶套上，螺栓钉穿入方向由送电侧至受电侧。

5）400V相序牌面朝送电侧，用M10不锈钢螺栓固定在横担上，螺栓钉穿入方向由送电侧至受电侧。

a．干线的颜色根据电力部门的规定进行区分，A相黄色、B相绿色、C相红色、零线为蓝色；保护接地线为黄绿相间的导线。零线瓷瓶应为棕色，相线瓷瓶为白色。相线排列顺序为：低压架空线路面对负荷侧从左到右依次为A、N、B、C，沿墙水平排列时，靠近建筑物侧为零线。

b．相序标识应在线路起点、分支、终端位置分别装设，严禁装设在导线上。

（22）清理现场，做到工完、料尽、场地清，符合文明施工管理要求。

四、配电台区部分

（一）变压器的安装要求

1．变压器横担安装

（1）变压器横担安装时，必须保证横担与地面垂直距离为3.2m。

（2）混凝土杆两侧抱箍安装应水平及紧固。

（3）横担水平采用水平仪或水平管进行标量，平整，水平面倾斜不应大于1%。

（4）双杆式配电变压器台架宜采用槽钢，槽钢厚度应大于10mm，并经热镀锌处理，其强度应满足载重变压器的要求。

（5）台架离地面3.2m。安置配电变压器的槽钢台架应保持水平，双杆式配电变压器台架水平倾斜不大于台架根开的1%。

2．变压器安装

（1）变压器在装卸、就位的过程中，设专人负责统一指挥，指挥人员发出的指挥信号必须清晰、准确。

（2）采用起重机具装卸、就位时，起重机具的支撑腿必须稳固，受力均匀。应准确使用变压器油箱顶盖的吊环，吊钩应对准变压器重心，吊挂钢丝绳间的夹角不得大于60°。起吊时必须试吊，防止钢索碰损变压器瓷套管。起吊过程中，在吊臂及吊物下方严禁任何人员通过或逗留，吊起的设备不得在空中长时间停留。

（3）变压器吊装前钢丝绳套外观检查合格，吊点牢固可靠，下部系调整绳。

吊离地面0.5~1.0m后应停止起吊，进行冲击试验，起吊过程应缓速平稳。

（4）变压器就位移动时，应缓慢移动，不得发生碰撞及不应有严重的冲击和震荡，以免损坏绝缘构件。

（5）变压器在台架固定牢靠后，才能松开变压器顶的吊钩。

（6）变压器安装后，套管表面应光洁，不应有裂纹、破损等现象。套管压线螺栓等部件应齐全，且安装牢固。储油柜油位正常，外壳干净。

（7）台架离地面为3.2m，台架水平倾斜不大于台架根开的1%。

（8）安装完成后，应同时完成预防性试验。

（9）安装完成后必须装设运行标识、警示标识牌。

（二）避雷器的安装要求

（1）避雷器安装外观无裂纹、破损，黏合牢固，相间距离为70cm，引下线接地可靠，接地电阻值符合规定。不应使避雷器产生外加应力。

（2）避雷器安装在支架上，用螺栓固定，绝缘部分良好。

（3）并列安装的避雷器三相中心应在同一直线上，安装垂直、排列整齐、高低一致。铭牌位于易观察的同一侧，绝缘罩颜色与相色对应。

（4）与电力部分连接引线的连接不应使端子受到超过允许的外加应力。

（5）引线短而直、连接紧密，安装牢固、排列整齐美观。

（6）接线端子与引线的连接应采用铜铝过渡线夹、端子，接触面清洁无氧化膜，并涂以中性导电脂。

（7）引线相间距离、对地距离应符合要求，相间不小于30cm，对地不小于20cm。

（8）避雷器接地引线应使用单塑黄绿软铝芯线，与接地设备连接应采用接线端子可靠连接，接地引下线应该靠近电杆和横担，紧贴杆身，安装应横平竖直，端头加装绝缘护罩。

（9）避雷器横担定位点与变压器台担定位点距离不小于200cm。

表4-5　避雷器引线截面要求

材　料		铜　线（m²）	铝　线（m²）
截面 （m²）	引上线	≥16	≥25
	引下线	≥25	≥35

（三）熔断器的安装要求

（1）跌落熔断器支架应采用热镀锌材料。

（2）跌落式熔断器支架安装应牢固、平整，水平面倾斜不应大于1%。

（3）将高压跌落式熔断器安装在支架上，并用热镀锌或不锈钢螺栓固定，相间距离585mm。

（4）安装时，熔管轴线应与地面垂线为15°～30°夹角，转动部分应灵活，跌落时不应碰及其他物体。

（5）熔断器熔管上下动触头之间的距离应调节恰当，安装熔丝应松紧适度。

（6）跌落式熔断器横担距离地面高度为5.9m。

（7）熔丝选择：100kVA及以下者，一次熔丝按配变高压侧额定电流的2～3倍选择；100kVA以上者，一次熔丝按配变高压侧额定电流的1.5～2倍选择，见表4-6。

（8）熔断器上端头引线应经绝缘过渡后安装，禁止未经绝缘子直接把引线连接到上端头。

表4-6　配变高压侧一次熔丝选择

序号	变压器容量（kVA）	高压侧电流（A）	高压侧熔丝型号（A）
1	30	1.73	5
2	50	2.89	5
3	100	5.77	10
4	200	11.55	20
5	315	18.19	30
6	400	23.09	40

（9）接线端子与引线的连接应采用线夹，铜铝连接时应采取过渡措施，接触面清洁无氧化膜，并涂以中性导电脂。

（10）为满足配电变压器停电作业，10kV高压侧应有一个明显验电点，并便于做安全措施，农网工程配变台区应采用带接地装置的跌落式熔断器。

（四）接地安装要求

1. 接地体连接

（1）接地体的连接采用搭接焊时，应符合下列规定：

1）沟挖好后，应及时安装接地体和焊接接地干线，将接地体用锤子打入地中。土质较坚硬时，防止将接地体顶端打劈，可在顶端加护帽或焊一块钢板加以保护。

2）地下接地采用圆钢搭接长度应大于100mm，引上接地扁钢的搭接长度应大于为150mm，四面施焊，并清除药皮，做好防腐处理（红丹漆处理）。

3）圆钢与角钢焊接时，除应在其接触部位两侧进行焊接外，并应焊以由钢带弯成的弧形（或直角形）焊接。

（2）接地引下线与接地体连接，使用端子接地，应便于解开测量接地电阻。

（3）接地引下线应紧靠杆身，每隔一定距离与杆身固定一次。

（4）接地体露出地面段不低于1.8m，并作黄绿相间的标识。

（5）接地扁钢引上线连接安装要求：

1）接地引上线选用5×50型镀锌扁钢，按照安健环标准要求对镀锌扁钢刷反光油漆，反光油漆颜色选用黄色和绿色，涂色间隔为15cm。地螺栓处及地面以下部分不用刷反光油漆，安装时距离地面30cm。

2）将接地扁钢靠近台架混凝土杠内侧横担上，接地扁钢连接应牢固，连接面应满足设计要求。

（6）接地扁铁连接要求：

1）接地扁铁连接应牢固，连接面应满足设计要求。

2）接地极安装前，首先确定跌落式熔断器、避雷器安装方向，再确定接地引上线安装在主杆还是副杆（面对10kV电源侧，当变压器跌落式熔断器安装在左侧时，接地极由副杆侧引上，当变压器跌落式熔断器、避雷器安装在右侧时，接地极由主杆侧引上）。

2. 接地体敷设

（1）接地体敷设宜和基础施工同步进行。

（2）敷设水平接地体应满足以下规定：

1）遇倾斜地形宜等高线敷设。

2）两垂直接地体间平行距离满足设计要求。

3）接地体敷设应平直。

4）对无法达到上述要求的特殊地形，应与设计协商解决。

5）当附近有电力线路时，应了解原线路的接地体走向，避免两线路间的接地体相连。

6）接地敷设时，应避开地埋电缆及其他设施。

（3）垂直接地体应垂直打入，并防止晃动。

（4）接地体埋深不小于60cm，耕地深度不小于80cm，岩石地区埋深不小于40cm。

（5）杆塔接地电阻不大于30Ω；100kVA以下变压器接地电阻不大于10Ω，100kVA及以上变压器接地电阻不大于4Ω。

（6）台变出土部分接地分为两组：10kV避雷器部分使用一组，变压器中性点、变压器外壳接地。JP柜部分接地使用一组。两组接地必须合并之后再引入接地网。

（7）台变出土部分接地体高度与台架变托高度一致，接地引线与接地体采用接线端子连接。

（8）接地体与电杆贴身使用钢扎带固定，不少于两道箍对称安装。

（五）标识标牌安装要求

（1）配变台架装设设配变台区命名牌及"当心触电"和"禁止攀登，高压危险"安全标识牌各一块。

（2）各种方式设备的标志都应牢固地固定在其依托物上，不得产生倾斜、卷翘、摆动等现象。

第二节　导线压接与插接

一、基本知识

（一）导线压接

（1）不同金属、不同规格、不同绞向的导线，严禁在同一档距内接续。

（2）在大跨越、跨越铁路、主要通航河流、重要的电力线路、一级通信线和一二级公路等跨越档内不允许有接头。

（3）新建线路在同一档距中，每根导线只允许有一个接头。

（4）导线连接应牢固可靠，档距内接头的机械强度不应小于导线抗拉力强度的90%。

（5）导线接头处应保证有良好的接触，接头处的电阻应不大于等长导线的电阻。

（6）选择接续管型号与导线型号应匹配。

（7）压模数及压后尺寸应符合表4-7要求。

表4-7　压模数及压后尺寸

钢芯铝绞线	模数	压后尺寸（mm）	a_1（mm）	a_2（mm）	a_3（mm）
LGJ-25/4	14	14.5	32	15	31
LGJ-35/6	14	17.5	34	42.5	93.5
LGJ-50/8	16	20.5	38	48.5	105.5
LGJ-70/10	16	25	46	54.5	123
LGJ-95/20	20	29	54	61.5	142.5
LGJ-120/20	24	33	62	67.5	160.5
LGJ-150/20	24	36	64	70	166

（二）导线插接

（1）导线插接适用于LGJ-70m²及以下的单股钢芯铝绞线。

（2）不同金属、不同规格、不同绞向的导线，严禁采用插接的方式接续。

（3）在大跨越、跨越铁路、主要通航河流、重要的电力线路、一级通信线和一二级公路等跨越档内不允许有接头。

（4）量取导线插接长度，量取的导线线头应在800～1000mm之间，并在量出导线插接长度的位置用20#铁丝绑扎不小于5绕，防止拆出缠绕线股时出现散股。

（5）回出导线线股并校直。

（6）操作人员应戴护目镜，防止线股弹起刺伤眼睛。

二、作业工艺要求及质量标准

（一）导线压接作业工艺要求（以LGJ-50/8为例）

（1）检查压接管型号与导线规格匹配，压接管有无变形、裂纹、长度是否符合规定。检查压接钳机械或液压钳是否正常，压模型号与压接管是否匹配。

（2）压接前压接管用汽油将压接管内壁及压接条清洗干净。

（3）导线端部绑扎后用钢丝刷刷去导线表面污垢和氧化层，用0#砂纸打磨平整导线表面，并用汽油清洁导线，清洁洗擦长度为管长的1.25倍，然后涂一层导电脂（中性凡士林）。

（4）压接管应按规定压模模数及尺寸用划印笔做好压接印记；以LGJ-50/8的导线为例，印记应符合图4-2的要求，印记尺寸应符合表4-8的规定。

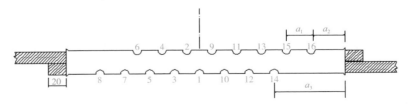

图4-2　LGJ-50/8导线的印记要求

表4-8   LGJ-50/8导线印记尺寸

导线型号	压模数	压后尺寸（mm）	钳压部位尺寸（mm）		
LGJ-50	16	20.5	a_1	a_2	a_3
			38	48.5	105.5

（5）将清洗后的导线从压接管两端穿入压接管中，同时垫好衬条，线头两端露出30～50mm。

（6）钢芯铝绞线连接管的压接应从中间开始，依次向一端上下交替钳压完成后，再从中间向另一端上下交替钳压。每模压到位后应停留30s后才能松模。

（7）导线压接过程中严禁跳压，压接完毕后，用橡皮锤将压接管校直，注意防止损伤压接管。

（二）导线压接作业质量标准

（1）压接后导线端头露出长度不应小于20mm。

（2）压接后的接续管弯曲度不应大于管长的2%，有明显弯曲时应用橡皮锤校直。

（3）校直后的接续管不应有裂纹。

（4）压接后接续管两端附近的导线不应有灯笼、散股等现象。

（5）压接后接续管两端出口处、外露部分，应涂刷防锈漆。

（6）压后压模的尺寸允许误差：LGJ-50钢芯铝绞线钳接管压模尺寸为20±0.5mm。

（7）压接管导线穿入方向正确。

（三）导线插接作业工艺要求

（1）采用砂布清除导线线股的氧化层，并用汽油清洗导线线股。

（2）钢芯的插接缠绕应紧密，缠绕不小于3个花距。

（3）两侧导线依次顺序插入，尽量整平，分别取两侧邻近的线股折90°，按照导线绞向各绕缠5～6圈，尾线折90°依次压入下一缠绕线股下方。

（4）插接端部处理，最后缠绕的铝股与前一缠绕铝股的余线拧成不少于3～5个花距小辫收尾。

（5）制作完成的接头应用木板、橡皮锤校直，防止损伤接头铝股。

（四）导线插接作业质量标准

（1）钢芯的插接缠绕应紧密，两端各缠绕不小于3个花距，严禁少于3个花距出现钢芯断裂。

（2）钢芯缠绕后的总长度不应大于100mm。

（3）导线叉接绞接前，拆除导线上的其他异物。

（4）单股导线缠绕圈数应5~6圈。

（5）缠绕铝股应紧密、平整。

三、工器具、材料清单

（1）压接工器具清单，见附录2-1。

（2）插接工器具清单，见附录2-2。

（3）压接材料清单，见附录2-3。

（4）插接材料清单，见附录2-4。

四、危险源辨识与预控措施

危险源辨识与预控措施见表4-9。

表4-9　危险源辨识与预控措施

序号	风险点	预控措施	控制人
1	汽油	操作时远离火源点并在现场配置灭火器	工作负责人/操作人员
2	线股	插接制作时操作人员应戴护目镜	工作负责人/操作人员

五、操作演练内容与考核标准

（一）导线压接操作演练内容

（1）工具器、材料准备。

（2）断线、清洗、划印、穿管。

（3）钳压操作。

（二）导线压接评分标准（见附录3-1）

（三）导线插接操作演练内容

（1）工具器、材料准备。

（2）清除导线氧化层、铝股校直及清洗。

（3）钢芯铰接。

（4）铝股缠绕。

（5）接头校直。

（四）导线插接评分标准（见附录3-2）

第三节　倒杆处理

一、基本知识

（一）主要机具

倒杆处理主要机具包括：

（1）铁锹、铁镐、铁锤、手锤、撬棍、钢丝绳、吊索（绳）、活扳手、斧子、抹子、卡环、卡扣、脚扣、登高板、安全带、叉木等。

（2）支架、扛棒、滑板、线坠、经纬仪、水平仪、花杆、塔尺、皮尺、墨斗、信号旗、口哨、手推车等。

（3）机械立电杆时，应有汽车吊；人力组立电杆时，应有人力绞磨、机械绞磨、手扳葫芦、链条葫芦、三穿滑轮组、人字抱杆、地锚桩、滑轮、钢丝绳等。

（二）作业条件

（1）了解地下管道、电缆及施工工艺质量标准、规范；清除杆位周围的障碍物。

（2）抢修材料有产品材质合格证件。

（3）掌握立杆作业流程如图4-3所示，工艺流程如图4-4所示。

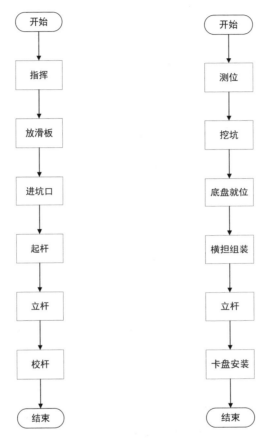

图4-3 立杆作业流程图　　图4-4 立杆工艺流程

（三）立杆三步骤

根据立杆、作业流程，将立杆归纳为三步骤即，安防：安全防护措施；拆旧：拆除受损旧设备；装新：安装新设备。

1. 安防（查四物）

（1）一查登高工具。

登高板、脚扣、安全带，外观检查无破损，配件齐全，试验标签在有效期内；安全帽按照规范检查合格；竹梯无虫咬，无裂纹，有梯套，防滑垫。

（2）二查立杆工具。

1）叉杆3000mm、5000mm各一组，无横向裂纹，无超过3mm纵向裂纹；连接铁链焊口无开裂。

2）扒杆φ200-250mm×6500～7500mm较直圆木一根，无虫咬，无超过3mm纵向裂纹。

3）抱杆φ200-250mm×6500～7500mm较直圆木二根，无虫咬，无超过3mm纵向裂纹。

4）钢丝绳（扣）无金钩、毛刺、断股、油绳外露。

5）白棕绳（麻绳）外观检查无破损、霉斑、腐蚀，试验标签在有效期内。

（3）三查新杆。

1）环形钢筋混凝土电杆无纵向裂缝，横向裂缝的宽度不超过0.1mm。

2）预应力混凝土电杆应无纵、横向裂缝。

3）表面光洁平整，壁厚均匀，无露筋、跑浆等现象。

4）杆身弯曲不超过杆长的1/1000。

（4）四查旧杆根。

1）检查杆根无断裂。

2）检查杆根的泥土无松动。

2. 拆除旧杆四步骤

（1）查施工现场及周边情况。

1）检查现场导线：导线绝缘层有无爆烂、破损，如有用绝缘胶布缠绕包裹好；裸导线根据受损情况分别采取相应措施如补强、压接、插接等。

2）查现场环境：有无影响施工的杂物，如有进行清理。

（2）正确绑扎白棕绳（麻绳）。

1）白棕绳（麻绳）绑点：在电杆适当位置用白棕绳（麻绳）围绕电杆结活结。

2）白棕绳（麻绳）长度要求：大于杆长的1.5倍。

3）活结固定方法：用操作杆将活结顶至杆顶1000～2000mm处拉紧。

（3）横担、扎线须拆除，安全可靠倒旧杆。

1）电杆倾斜时，其处理方法与倾斜角度关系见表4-10。

表4-10　电杆倾斜角度与处理方法

电杆倾斜度	处理方法
<15°	不用处理
≥15°	用叉杆进行支撑

2）当电杆横向裂纹超过1/3周长，宽度超过0.3mm，杆身有酥松时其应对方法为：用绝缘操作杆将临时拉绳顶至横担下部进行固定。

3）拆除绝缘子扎线，将导线与电杆完全分开。

4）拉倒旧杆：拉倒旧杆时人员必须在杆长度1.2倍距离之外，防止倒杆时伤人。

（4）清理场地让新杆。

清理倒地旧杆，让出位置立新杆。

3. 安装新杆六步骤

（1）杆坑开挖。

杆坑要求如下。

1）够直：与水平垂直。

2）够深：电杆埋深满足表4-11规定。

表4-11　电杆埋深

杆高（mm）	9000	10000	12000	15000	18000
埋深（mm）	1600	1700	2000	2500	3000

3）够宽：杆坑直径大于杆跟直径200mm。

4）够斜：马道倾斜45°。

5）够长：马道长度不小于1000mm。

（2）电杆捆绑。

1）四方缆风绳固定：用四条钢丝绳或白棕绳（麻绳）在距杆梢1500~2000mm处绑扎并用10#铁丝拴住工具U型螺栓；钢丝绳或白棕绳（麻绳）长度不小于杆长的1.5倍。

2）控制杆根钢丝绳，固定在距杆跟100～300mm处并用10#铁丝拴住工具U型螺栓，钢丝绳长度不小于杆长的1.2倍。

（3）立杆。

1）机械立杆法。

a. 汽车吊就位，根据杆长在电杆的适当部位拴好吊点绳（钢绳扣）、缆风绳，挂好吊钩，专人指挥使吊钩受力。

b. 电杆吊离地面1000mm左右时，停止起吊，检查各部件、绳扣等受力情况，确认无误后再继续起吊。

c. 电杆起立后，调整杆位，校正杆身、横担；回填时将土块打碎，每回填300mm应夯实一次，填到卡盘安装部位为止；电杆稳固后撤除吊钩、钢丝绳、缆风绳。

2）叉杆立杆法。

a. 起杆：用抬杠将电杆顶部抬起一定角度后，牵引方向绳索受力，逐步向下交替移动抬杠，使杆顶逐渐升高，两侧缆风绳受力，防止电杆左右偏斜。

b. 立杆：杆顶升高后加进3000mm叉杆，叉杆、抬杠并用杆跟方向移动，使杆顶不断抬高，再加进第二副5000mm叉杆；叉杆与电杆的夹角保持在45°～60°之间，叉杆交替移动时，必须在另一组叉杆完全受力情况下进行；电杆立至80°左右时注意控制后侧缆风绳，防止电杆向牵引方向倾倒；两副叉杆协助稳住电杆。

3）抱杆立杆法（独脚悬吊式、倒落式、单点起吊式）。

a. 起杆：牵引工具就位（人力绞磨、机械绞磨、手扳葫芦、链条葫芦、三穿滑轮组等）；打好受力点地锚桩；用钢绳扣将地锚桩与绞磨连接；组装牵引装置；立人字抱杆（抱杆角度控制在60°～70°）；拴好起吊钢丝绳（吊点绳）、三方缆风绳、杆跟控制绳；连接牵引装置（人力绞磨、机械绞磨、手扳葫芦、链条葫芦、三穿滑轮组等）；作业人员就位后，专人指挥起立电杆。

b. 立杆：电杆顶部离地面1000mm左右时，停止起吊，检查地锚桩、人字抱杆、绳扣、牵引装置等受力情况，确认无误后再继续起吊；电杆立至80°左右时注意控制后侧缆风绳，防止电杆向牵引方向倾倒。

（4）校杆及固定。

1）校杆：校正杆身，并与其他电杆在一直线上。

2）固定：回填土时将土块打碎，每回填300mm夯实一次，回填至高出地面300mm时，撤除连接牵引装置（人力绞磨、机械绞磨、手扳葫芦、链条葫芦、三穿滑轮组等）、钢丝绳、缆风绳。

（5）横担安装、导线固定。

1）横担安装牢固，不能上下、左右移动。

2）牢固固定绝缘子上导线，弧垂对地距离满足规范要求。

（6）清理施工现场。

施工现场应做到"工完、料净、场地清"。

4．易犯错误点及异常情况处理方法

（1）错误一：新立电杆未回土夯实牢固，即撤除叉杆及拉绳。

正确做法：必须在电杆回填、夯实完全牢固后，才能撤除叉杆及拉绳。

（2）错误二：新立电杆未校正即登高作业。

正确做法：杆身校正完全稳固后，方可进行登高作业。

（3）异常一：杆坑内土质为流沙时。

处理方法：在坑内加装挡板或水泥套筒，阻止沙土随地下水流动。

（4）异常二：遇到雷雨天气时。

处理方法：立即停止施工。

（5）异常三：遇到5级及以上大风时。

处理方法：立即停止施工。

二、作业工艺要求及质量标准

（一）立杆作业工艺要求

1．杆塔定位

根据设计坐标及标高测定杆塔位置，确定杆塔桩。

2．挖坑

（1）按杆塔桩位置及坑深要求挖坑；采用人力立杆时，根据现场情况，确定马道方向并符合立杆要求；达到要求坑深后平整坑底并夯实。

（2）电杆埋设深度符合表4-3-2要求；坑深允许偏差不应大于+100mm、-50mm；双杆基坑的根开中心偏差不应超过±30mm，两杆坑深宜一致。

（3）遇有土质松软、流沙、地下水位较高等情况时，应做特殊处理。

3. 底盘就位

用线坠找出杆位中心点；在底盘上用墨斗弹出底盘中心点，拴好底盘，将底盘滑入坑内，使底盘中心点与杆位中心点重叠。

4. 横担组装

（1）核查电杆、金具材料、规格、质量情况。

（2）用支架垫起杆身上部，量出横担安装位置，按规范要求组装横担。

（3）横担组装应符合下列要求：同杆架设的双回路或多回路线路，横担间的垂直距离应符合表4-12要求。

表4-12 同杆架设线路横担垂直距离与电压等级关系

电压等级	横担间的垂直距离/mm
10kV与10kV	800
10kV与1kV以下	1200
1kV与1kV以下	600

1kV以下线路导线采用水平排列，最大档距不大于50m时，导线间的水平距离为400mm，但靠近电杆的两导线间的水平距离不应小于500mm。

5. 横担安装工艺要求

（1）当线路为多层排列时，自上而下的顺序为：高压、动力、照明、路灯；当线路为水平排列时，上层横担距杆顶不宜小于200mm；直线杆的单横担应装于受电侧，90°转角杆及终端杆应装于拉线侧。

（2）横担端部上下歪斜及左右扭斜均不应大于20mm。双杆的横担与电杆连接处的高差不应大于连接距离的1/200；左右扭斜不应大于横担总长度的1/100。

（3）螺栓的穿入方向为：水平顺线路方向，由送电侧穿入；垂直方向，由下向上穿入，开口销钉应从上向下穿。

（4）螺栓紧固均应装设平垫圈、弹簧垫圈，垫圈不多于2个；螺母紧固后，螺杆外露不少于2扣，最长不大于30mm，双螺母可平扣。

6. 机械立杆工艺要求

（1）根据杆长在电杆的适当部位拴好吊点绳（钢绳扣）、缆风绳，挂好吊钩，专人指挥使吊钩受力。

（2）电杆吊离地面1000mm左右时，停止起吊，检查各部件、绳扣等受力情况，确认无误后再继续起吊。

（3）电杆起立后，调整杆位，校正杆身、横担；回填时将土块打碎，每回填300mm应夯实一次，填到卡盘安装部位为止；电杆稳固后撤除吊钩、钢丝绳、缆风绳。

（4）电杆位置、杆身垂直度应符合下列要求：

1）直线杆的横向位移不应大于50mm。直线杆的倾斜、杆梢的位移不应大于杆梢直径的1/2。

2）转角杆的横向位移不应大于50mm。转角杆应向外角预偏，紧线后不应向内角倾斜，应向外角倾斜，其杆梢位移不应大于杆梢直径。

3）终端杆应向拉线侧预偏，其预偏值不应大于杆梢直径。紧线后不应向受力侧倾斜。

4）双杆立好后应正直，双杆中心与中心桩之间的横向位移不应大于50mm；迈步不应大于30mm；根开不应超过±30mm。

7. 人力立杆工艺要求

（1）牵引工具就位（人力绞磨、机械绞磨、手扳葫芦、链条葫芦、三穿滑轮组等）。根据需要，打好地锚桩，用钢丝绳将地锚桩与绞磨连接好。组装牵引装置，立人字抱杆（抱杆角度应在60°~70°）。在电杆的适当部位拴好起吊钢丝绳（吊点绳）、缆风绳及前后控制绳，连接牵引装置（人力绞磨、机械绞磨、手扳葫芦、链条葫芦、三穿滑轮组等），作业人员就位后，专人指挥起立电杆。

（2）电杆顶部离地面1000mm左右时，停止起吊，检查地锚桩、人字抱杆、绳扣、牵引装置等受力情况，确认无误后再继续起吊；电杆立至80°左右时注意控制后侧缆风绳，防止电杆向牵引方向倾倒。

（3）校杆及固定。

1）校杆：校正杆身，并与其他电杆在一直线上。

2）固定：回填土时将土块打碎，每回填300mm夯实一次，回填至高出地面300mm时，撤除连接牵引装置（人力绞磨、机械绞磨、手扳葫芦、链条葫芦、三穿滑轮组等）、钢丝绳、缆风绳。

（4）电杆位置、杆身垂直度应符合下列要求：

1）直线杆的横向位移不应大于50mm。直线杆的倾斜、杆梢的位移不应大于杆梢直径的1/2。

2）转角杆的横向位移不应大于50mm。转角杆应向外角预偏，紧线后不应向内角倾斜，应向外角倾斜，其杆梢位移不应大于杆梢直径。

3）终端杆应向拉线侧预偏，其预偏值不应大于杆梢直径。紧线后不应向受力侧倾斜。

4）双杆立好后应正直，双杆中心与中心桩之间的横向位移不应大于50mm；迈步不应大于30mm；根开不应超过±30mm。

8．卡盘安装工艺要求

（1）核实卡盘埋设位置及坑深。

（2）卡盘上口距地面不应小于500mm。

（3）直线杆卡盘应与线路平行并应在电杆左、右侧交替埋设。

（4）终端杆卡盘应埋设在受力侧，转角杆应分上、下两层埋设在受力侧。

（5）将卡盘放入坑内，穿上抱箍，垫好垫圈，用螺母紧固。

（6）检查无误后回填土，回填土时将土块打碎，每回填300mm夯实一次，并设高出地面300 mm的防沉土台。

（二）材料质量要求

器材、材料有产品材质合格证件。

1．钢筋混凝土电杆

（1）表面光洁平整，壁厚均匀，无露筋、跑浆等现象。

（2）放置地平面检查时，应无纵向裂缝，横向裂缝宽度不应超过0.1mm；预应力混凝土电杆应无纵、横向裂缝。

（3）杆身弯曲不应超过杆长的1/1000。

（4）预制混凝土底盘，卡盘表面不应有蜂窝、露筋、裂缝等缺陷，强度应满足规范规定。

2. 针式绝缘子

（1）瓷件与铁件组合无歪斜现象，且组合处压接紧密牢固，铁件镀锌完整良好。

（2）瓷釉光滑、无裂纹、缺釉斑点、烧痕、气泡或瓷釉烧坏等缺陷。

（3）高压绝缘子的交流耐压试验结果必须符合施工规范规定。

3. 横担、M型抱铁、U型抱箍、拉线及中导线抱箍、杆顶支座抱箍、拉板、连板等

（1）表面应光洁、无裂纹、毛刺、飞边、砂眼、气泡等缺陷。

（2）热镀锌，且镀锌良好，无锌皮剥落，锈蚀现象。

4. 螺栓

（1）螺栓表面不应有裂纹、砂眼、锌皮剥落及锈蚀等现象，螺杆与螺母应配合良好。

（2）金具上的各种联结螺栓应有防松装置，采用的防松装置应镀锌良好、弹力合适、厚度符合规定。

5. 其他材料

木桩、白灰粉、细弦线、水泥、砂子等。

（三）质量标准

1. 主控项目

（1）电杆坑、拉线坑的深度允许偏差，应不深于设计坑深100mm、不浅于设计坑深50mm。

（2）架空导线的弧垂值，允许偏差为设计弧垂值的±5%，水平排列的同档导线间弧垂值偏差±50mm。

（3）变压器中性点应与接地装置引出干线直接连接，接地装置的接地电阻值必须符合设计要求。

（4）杆上变压器和高压绝缘子、高压隔离开关、跌落式熔断器、避雷器等必须按规定交接试验合格。

（5）杆上低压配电箱的电气装置和馈电线路交接试验应符合下列规定：

1）每路配电开关及保护装置的规格、型号，应符合设计要求。

2）相间和相对地间的绝缘电阻值应大于0.5MΩ。

3）电气装置的交流工频耐压试验电压为1kV，当绝缘电阻值大于10MΩ时，可采用2500V绝缘电阻表摇测替代，试验持续时间1min，无击穿闪络现象。

2. 一般项目

（1）拉线的绝缘子及金具应齐全，位置正确，承力拉线应与线路中心线方向一致，转角拉线应与线路分角线方向一致。拉线应收紧，收紧程度与杆上导线数量规格及弧垂值相适配。

（2）电杆组立应正直，直线杆横向位移不应大于50mm，杆梢偏移不应大于梢径的1/2，转角杆紧线后不向内角倾斜，向外角倾斜不应大于1个梢径。

（3）直线杆单横担应装于受电侧，终端杆、转角杆的单横担应装于拉线侧。横担的上下歪斜和左右扭斜，从横担端部测量不应大于20mm。横担等镀锌制品应热浸镀锌。

（4）导线无断股、金钩和不可恢复的永久变形，与绝缘子固定可靠，金具规格应与导线规格适配。

（5）线路的跳线、过引线、接户线的线间和线对地间的安全距离，电压等级为6~10kV的，应大于300mm，电压等级为1kV及以下的，应大于150mm。用绝缘导线架设的线路，绝缘破口处应用绝缘胶带修补恢复绝缘导线绝缘。

3. 常见主控项目的质量问题及处理方法

（1）坑位或标高错误，造成杆身迈步、纵向位移。

处理方法：认真、核实、测量、定位各技术要素。

（2）电杆横向位移、杆身垂直度超出允许偏差值。

处理方法：电杆就位时，要有专人认真观测，并调整。

（3）螺栓、抱箍、垫圈等材料不配套，造成丝扣过长或螺母未满扣。

处理方法：认真进行金具零件规格核查。

（4）回填土未夯实，造成电杆歪斜。

处理方法：按规范要求分层填土并夯实，必须将土块打碎。

4．质量记录

（1）钢筋混凝土电杆、横担等主要金具出厂质量证明。

（2）针式绝缘子、高压绝缘子应有出厂质量证明及产品合格证。

（3）立杆工程，预检、自检记录。

（4）设计变更记录、竣工图。

（5）架空线路和杆上电气设备安装分项工程质量检验评定记录。

三、工器具、材料清单及作业标准

工器具、材料清单及作业标准见附录2-1～附录3-3。

第四节　导线架设

一、工艺要求及质量标准

（一）原材料及器材

（1）10kV线路铁附件基本都已采用标准设计，非标件需提供加工图生产，标准件如下：

1）铁横担规格：$\angle 63 \times 6$及以上，通用长度分别为1600、1800、2100mm三种普通规格。

2）瓷横担支座规格：$\angle 63 \times 6 \times 700$、$\angle 63 \times 6 \times 1200$、$\angle 75 \times 8 \times 700$、$\angle 75 \times 8 \times 1200$。

3）五眼板规格：$-8 \times 80 \times 500$。

4）斜撑规格：$\angle 50 \times 5 \times 500$、$\angle 50 \times 5 \times 600$、$\angle 50 \times 5 \times 700$、$\angle 50 \times 5 \times 800$、$\angle 50 \times 5 \times 1000$、$\angle 50 \times 5 \times 1660$、$\angle 50 \times 5 \times 1730$、$\angle 63 \times 6 \times 800$、$\angle 63 \times 6 \times 1300$、$\angle 63 \times 6 \times 1700$。

5）断联角铁规格：$\angle 63 \times 6 \times 540$。

6）U型抱箍，选用国标M16螺栓系列。UB1至UB7共7个系列，内直径分别为：160、180、200、220、250、270、290mm，选择规格型号时按普通拔稍杆拔稍度1/75计算，从杆顶开始每往下增加1米，混凝土杆直径增加13.3mm来计算确定。

7）扁铁抱箍，选用国标M16螺栓系列：B1至B9共9个系列，内直径分别为：150、170、190、210、230、250、280、300、320mm，选择型号规格时方法同上。

（2）《圆线同心绞架空线》（GB/T 1179—2008）导线国家标准：

1）钢芯铝绞线：JL/G1A、JL/G1B、JL/G2A、JL/G2B、JL/G3B。

2）钢芯铝合金绞线：JLHA2/G1A、JLHA2/G1B、JLHA2/G3A。

3）铝合金芯铝绞线：JL/HA1、JL/HA2。

4）铝包钢芯铝绞线：JL/LB1A。

5）铝包钢芯铝合金绞线：JLHA1/LB1A、JLHA2/LB1A。

6）钢绞线：JG1A、JG1B、JG2A、JG3A。

7）铝包钢绞线：JLB1A、JLB1B、JLB2。

8）中国常用导线型号：铝绞线JL、钢芯铝绞线JL/G1A、铝合金绞线JLHA1及JLHA2、钢芯铝合金绞线JLHA1/G1A及JLHA2/G1A。

9）型号表示方法：普通强度镀锌钢线G1A和G1B，高强度镀锌钢线G2A和G2B，特高强度镀锌钢线G3A，同芯绞合J，防腐F，硬圆铝线L，强度系列A，强度系列1、2、3。

（3）由于各类教材内导线标准未进行修编，原标准一直使用，表示方法如下：

1）钢芯铝绞线：LGJ。

2）钢绞线：GJ。

3）加强型J，轻型Q。

（4）10kV线路常用绝缘子：

1）普通瓷悬式绝缘子：型号XP－70，质量4.7kg，高度146mm；普通合成悬式绝缘子：型号FXBW－10/70，高度415±15mm。

2）针式绝缘子：普通型P－10T、P－10M；加强绝缘型P－15T、P－15M、P－20T、P－20M。T系列使用安装在横担上，M系列使用安装在顶套上。应特别注意采用加强绝缘针式绝缘子时，横担上的安装孔应在订货时明确，否则施工时扩孔防腐蚀工作不易实施。

　　3）瓷横担：SC—185、SC—210、SC—250三类。瓷横担安装如图4-5所示。

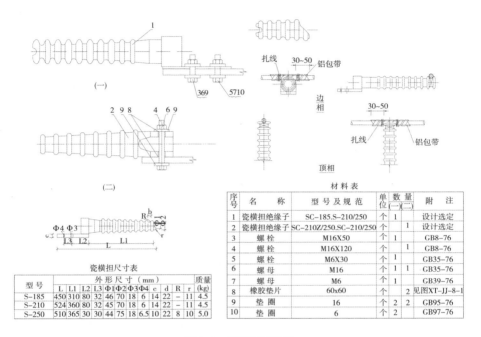

瓷横担尺寸表

| 型号 | 外形尺寸（mm） | | | | | | | | | | | 质量 |
	L	L1	L2	L3	Φ1	Φ2	Φ3	Φ4	c	d	R	r	(kg)
S-185	450	310	80	32	46	70	18	6	14	22	-	11	4.5
S-210	524	360	80	32	45	70	18	6	14	22	-	11	4.5
S-250	510	365	30	30	44	75	18	6.5	10	22	8	10	5.0

材料表

| 序号 | 名　称 | 型号及规范 | 单位 | 数量 | | 附　注 |
				(一)	(二)	
1	瓷横担绝缘子	SC-185.S-210/250	个	1		设计选定
2	瓷横担绝缘子	SC-210Z/250.SC-210/250	个		1	设计选定
3	螺栓	M16X50	个	1		GB8-76
4	螺栓	M16X120	个		1	GB8-76
5	螺栓	M6X30	个	1		GB35-76
6	螺母	M16	个	1	1	GB35-76
7	螺母	M6	个	1		GB39-76
8	橡胶垫片	60x60	个		2	见图XT-JJ-8-1
9	垫圈	16	个	2	2	GB95-76
10	垫圈	6	个	2		GB97-76

图4-5　瓷横担组装图

（5）10kV横担的规格选用应根据线间距离及线路档距确定。无特殊说明时按导线呈正三角形排列安装。安装方式如图4-6所示。

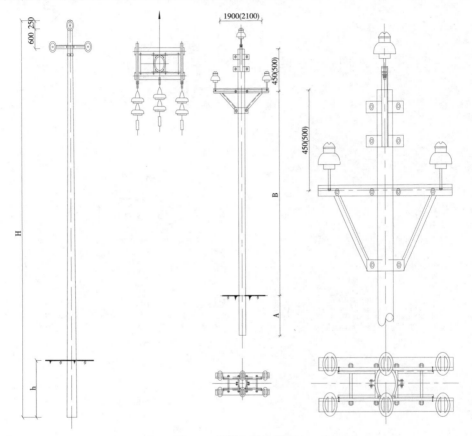

图4-6　横担安装示意图

（6）10kV线路常用导线金具：

1）球头挂环：Q—7。

2）碗头挂板：普通型W—7，加长型W—7B，短型W—7A，双联碗头型号为WS。

3）直角挂板：普通型Z—7。

4）U型环：普通型U—7，加长型U—7A。

5）验电接地环：型号BYD—1。验电接地环安装方式如图4-7所示。

a. 绝缘线路须安装验电接地环，安装在距耐张线夹0.2m处。

b. 配变台架验电接地环须安装在进线侧。

c．10kV绝缘线路在主干线、次干线、分支线的首端、末端处必须装设验电接地环。

d．线路长度每超过200~300m时，须在适当位置（耐张杆）增设验电接地环。

e．验电接地环安装在现场具备验电条件并能安全装设接地线的杆塔上。

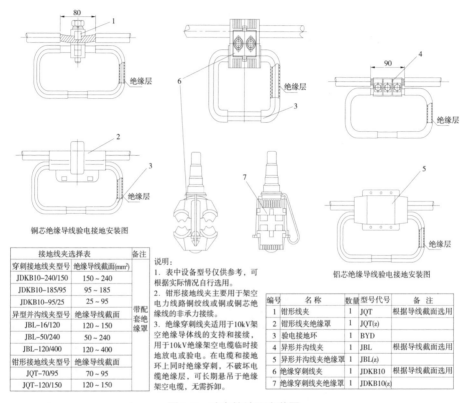

铜芯绝缘导线验电接地安装图

接地线夹选择表		备注
穿刺接地线夹型号	绝缘导线截面(mm²)	
JDKB10-240/150	150 ~ 240	带配套绝缘罩
JDKB10-185/95	95 ~ 185	
JDKB10-95/25	25 ~ 95	
异型并沟线夹型号	绝缘导线截面	
JBL-16/120	120 ~ 150	
JBL-50/240	50 ~ 240	
JBL-120/400	120 ~ 400	
钳形接地线夹型号	绝缘导线截面	
JQT-70/95	70 ~ 95	
JQT-120/150	120 ~ 150	

说明：
1．表中设备型号仅供参考，可根据实际情况自行选用。
2．钳形接地线夹主要用于架空电力线路铜绞线或铜或铜芯绝缘线的非承力接续。
3．绝缘穿刺夹适用于10kV架空绝缘导体线的支持和接续，用于10kV绝缘架空电缆临时接地放电或验电。在电缆和接地环上同时绝缘穿刺，不破坏电缆绝缘层，可长期悬吊于绝缘架空电缆，无需拆卸。

铝芯绝缘导线验电接地安装图

编号	名称	数量	型号代号	备注
1	钳形线夹	1	JQT	根据导线截面选用
2	钳形线夹绝缘罩	1	JQT(z)	
3	验电接地环	1	BYD	
4	异形并沟线夹	1	JBL	根据导线截面选用
5	异形并沟线夹绝缘罩	1	JBL(z)	
6	绝缘穿刺夹	1	JDKB10	根据导线截面选用
7	绝缘穿刺线夹绝缘罩	1	JDKB10(z)	

图4-7 验电接地环安装图

6）常用耐张线夹：NLD－2、NLD－3、NLD－4三类，NLD－2适用导线50～70铝绞线及钢芯铝绞线，NLD－3适用导线95～120铝绞线及钢芯铝绞线，NLD－4适用导线150～185铝绞线及钢芯铝绞线。耐张线夹金具组装如图4-8所示。

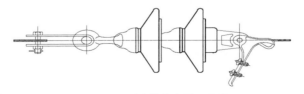

图4-8 耐张线夹金具组装图

7）绝缘线专用耐张线夹：NXL—1、NXL—2、NXL—3三类。NXL—1适用JKL（G）YJ—10kV—（50~95）绝缘导线，NXL—2适用JKL（G）YJ—10kV—（120~150）绝缘导线，NXL—3适用JKL（G）YJ—10kV—（150~240）绝缘导线导线。还有绝缘线专用的NEJ10系列楔型线夹。NEJ10系列楔型线夹不采用螺栓固定，当线路档距、高差、耐张段较大时，应采用NXL系列螺栓型耐张线夹及专用绝缘罩。绝缘耐张线夹金具组装如图4-9所示。

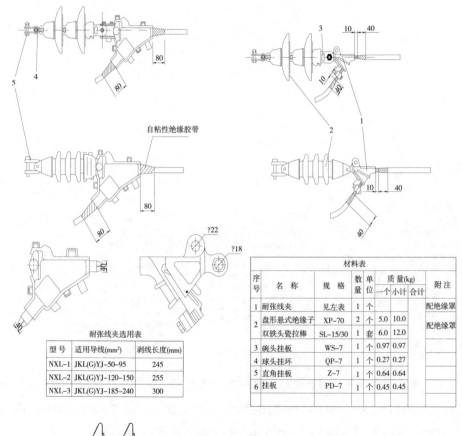

自粘性绝缘胶带

耐张线夹选用表

型 号	适用导线(mm²)	剥线长度(mm)
NXL－1	JKL(G)YJ－50-95	245
NXL－2	JKL(G)YJ－120-150	255
NXL－3	JKL(G)YJ－185-240	300

材料表

序号	名 称	规 格	数量	单位	质量(kg) 一个	质量(kg) 小计	质量(kg) 合计	附注
1	耐张线夹	见左表	1	个				配绝缘罩
2	盘形悬式绝缘子	XP-70	2	个	5.0	10.0		配绝缘罩
	双铁头瓷拉棒	SL-15/30	1	套	6.0	12.0		
3	碗头挂板	WS-7	1	个	0.97	0.97		
4	球头挂环	QP-7	1	个	0.27	0.27		
5	直角挂板	Z-7	1	个	0.64	0.64		
6	挂板	PD-7	1	个	0.45	0.45		

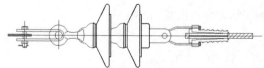

图4-9　绝缘耐张线夹金具组装

8）并沟线夹：JB—1、JB—2、JB—3、JB—4四类，异径并沟线夹：JBL。JB—

1适用导线35~50铝绞线及钢芯铝绞线，JB—2适用导线70~95铝绞线及钢芯铝绞线，JB—3适用导线120~150铝绞线及钢芯铝绞线，JB—4适用导线185~240铝绞线及钢芯铝绞线。

　　并沟线夹过引线（引流线或跳线）组装如图4-10所示，并沟线夹过引线安装如图4-11所示。

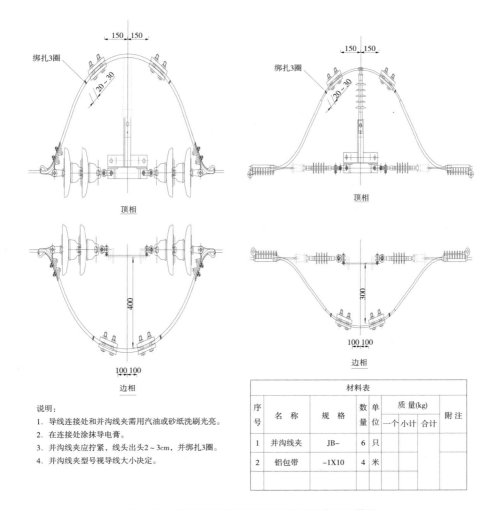

材料表								
序号	名　称	规　格	数量	单位	质量(kg)			附注
					一个	小计	合计	
1	并沟线夹	JB—	6	只				
2	铝包带	—1×10	4	米				

说明：
1. 导线连接处和并沟线夹需用汽油或砂纸洗刷光亮。
2. 在连接处涂抹导电膏。
3. 并沟线夹应拧紧，线头出头2~3cm，并绑扎3圈。
4. 并沟线夹型号视导线大小决定。

图4-10　并沟线夹过引线（引流线或跳线）组装图

　　9）防震锤：常用FD—1、FD—2、FD—3、FD—4四类。FD—1适用导线35~50铝绞线及钢芯铝绞线，FD—2适用导线70~95铝绞线及钢芯铝绞线，FD—3

适用导线120~150铝绞线及钢芯铝绞线，FD—4适用导线185~240铝绞线及钢芯铝绞线。

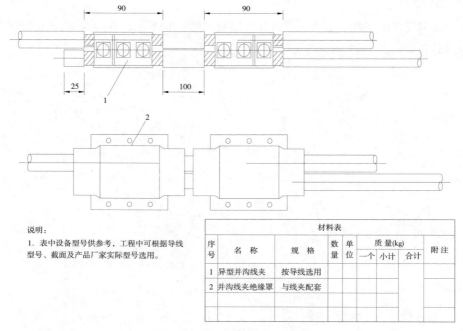

说明：
1. 表中设备型号供参考，工程中可根据导线型号、截面及产品厂家实际型号选用。

材料表							
序号	名　称	规　格	数量	单位	质量(kg)		附注
					一个	小计	合计	
1	异型并沟线夹	按导线选用						
2	并沟线夹绝缘罩	与线夹配套						

图4-11　并沟线夹过引线安装图

（二）拉线安装

1. 拉线安装规定

（1）安装后对地平面夹角与设计值的允许偏差：10kV及以下架空电力线路不应大于3°。

（2）承力拉线应与线路方向的中心线对正；分角拉线应与线路分角线方向对正；防风拉线应与线路方向垂直。

（3）跨越道路的拉线，应满足设计要求，且对通车路面边缘的垂直距离不应小于5m。

（4）在线路的转角、分支、耐张、终端杆均应装设拉线。

（5）拉线抱箍应使用专用拉线抱箍，不得用其他抱箍代替。一般固定在距横担下方100mm处。拉线与电杆的夹角一般为45°，不小于30°，安装后对地平面夹角与设计值的允许偏差为3°。受地形限制使用特殊拉线。

（6）拉线棒的直径不应小于16mm，采用热镀锌处理。腐蚀地区拉线棒直径应适当加大。

（7）空旷和风口地区10kV线路连续直线杆超过10基时，宜装设人字防风拉线。

（8）当一基电杆上装设多条拉线时，拉线不应有过松、过紧、受力不均匀等现象。

（9）配变台架拉线应装设拉线绝缘子；穿过带电体时应加装拉线绝缘子。应保证在拉线绝缘子以下断线时，绝缘子距地面不应小于2.5m。拉线绝缘子型号的选择应满足设计要求。

（10）拉线组件及其附件均应热镀锌，拉线宜采用镀锌钢绞线，截面不应小于35m²。

（11）终端杆的拉线及耐张杆承力拉线应与线路方向对准，转角杆的拉线应与线路转角平分线方向对准，防风拉线应与线路方向垂直。

2.　10kV线路常用拉线材料

（1）楔型线夹：NX-2。

（2）拉线UT：UT-2。

（3）拉线盘：200×300×600，200×400×800两类。

（4）二眼板：50×5×150。

（5）U型螺栓（拉盘螺栓）：U-2280。

（6）拉线棒：M20×1800，M20×2000，M20×2500。

（7）考虑到10kV线路的安全性，常采用GJ-50、GJ-70两类钢绞线制作拉线。

3.　采用UT型线夹及楔型线夹固定安装时，应符合下列规定：

（1）线夹舌板与拉线接触应紧密，受力后无滑动现象，线夹凸肚应在线尾侧、方向朝下，安装时不应损伤线股。

（2）拉线弯曲部分不应松脱，线夹外露处的尾线长度一般为300~500mm。

（3）UT型线夹的螺杆应露扣，并应有不小于1/2螺杆丝扣长度可供调紧。调整后，UT型线夹的双螺母应紧，采用防盗措施。

（4）GJ-50拉线用10#镀锌铁丝绑扎，GJ-70及以上用8#镀锌铁丝绑扎，并做防腐处理。

（5）麻箍绑扎长度为40~50mm，麻箍应紧密，绑扎完毕后麻箍距离端头40~50mm，绑扎处应防腐处理。

4.撑杆（顶杆）安装

撑杆（顶杆），用于打拉线的位置无法打拉线，将杆塔受力转由内角侧的时候。安装应符合下列规定：

（1）顶杆底部埋深不宜小于0.5m，且设有防沉措施。

（1）与主杆之间夹角应满足设计要求，允许偏差为±5°。

（3）与主杆连接应紧密、牢固。撑杆（顶杆）安装如图4-12所示。

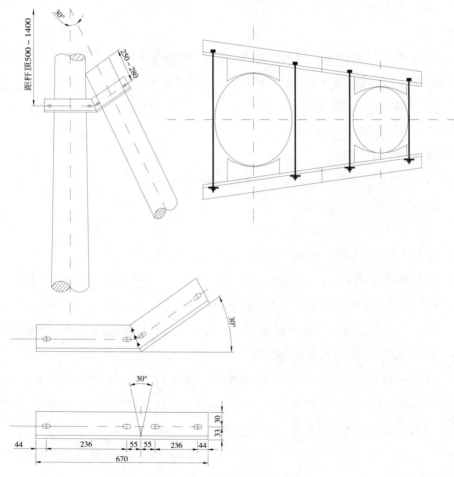

图4-12　撑杆（顶杆）安装图

5. 拉线形式

（1）普通拉线，用于普通线路，无导线碰触拉线安全隐患的线路上。

（2）绝缘拉线，用于高、低压线路同杆架设拉线穿过下层低压线路中间，高压、低压引线距离拉线距离较近，拉线有可能碰触带电线路时。绝缘拉线安装如图4-13所示，图4-13适用0.4kV、0.22kV架空线路。

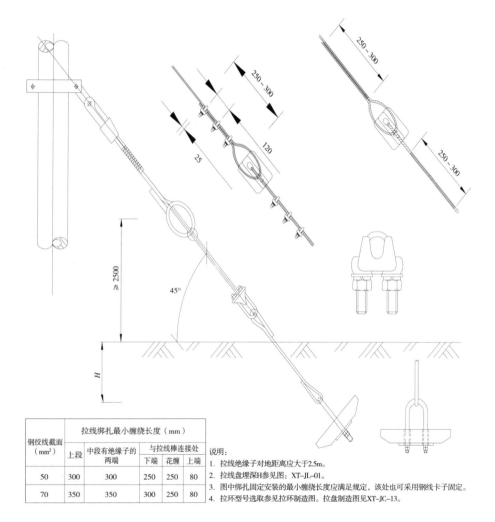

钢绞线截面（mm²）	拉线绑扎最小缠绕长度（mm）				
	上段	中段有绝缘子的两端	与拉线棒连接处		
			下端	花缠	上端
50	300	300	250	250	80
70	350	350	300	250	80

说明：
1. 拉线绝缘子对地距离应大于2.5m。
2. 拉线盘埋深H参见图：XT-JL-01。
3. 图中绑扎固定安装的最小缠绕长度应满足规定，该处也可采用钢线卡子固定。
4. 拉环型号选取参见拉环制造图。拉盘制造图见XT-JC-13。

图4-13　0.4kV、0.22kV架空线路绝缘拉线安装图

（3）自身拉线，用于受地形和周围自然环境的限制，不能安装普通拉线且受

力较小时。安装如图4-14所示。

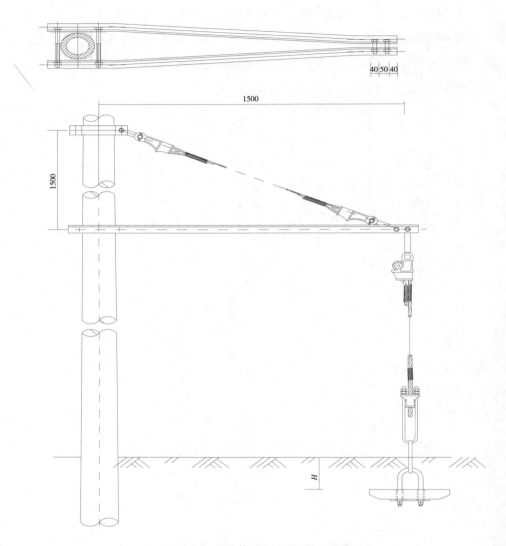

图4-14　拉线截面GJ-70及以下安装图

（4）水平拉线，用于拉线位置在街道、路面、房屋中时，采取措施将拉线的受力进行转移的情况下。跨越道路的水平拉线，对路边缘的垂直距离，不应小于5m。拉线柱的倾斜角宜采用10°～20°。

（三）绝缘导线架设

1. 绝缘导线标准

（1）绝缘厚度一般分为薄绝缘、厚绝缘两类，厚度一般为2.5mm、3.4mm两类。

（2）按钢芯配置分为不带钢芯JKLYJ系列，带钢芯JKLGYJ系列。

（3）按钢芯数量配置分为加强型、普通型、轻型三类，分类方法和钢芯铝绞线相同。

（4）绝缘线表面应平整、光滑、色泽均匀，绝缘层厚度应符合规定。绝缘线的绝缘层应挤包紧密，且易剥离，绝缘线端部应有密封措施。有印刷清晰的生产厂家名称、规格型号、电压等级及长度标识。

2. 绝缘导线放线

架设绝缘线宜在干燥天气进行，气温应符合绝缘线制造厂的规定。

（1）放紧线过程中，应将绝缘线放在塑料滑轮或套有橡胶护套的铝滑轮内。滑轮直径不应小于绝缘线外径的12倍，槽深不小于绝缘线外径的1.25倍，槽底部半径不小于0.75倍绝缘线外径，轮槽槽倾角为15°。

（2）放线时绝缘线不得在地面、杆塔、横担、瓷瓶或其他物体上拖拉，以防损伤绝缘层。

（3）宜采用网套牵引绝缘线。

3. 绝缘线损伤的处理

（1）线芯损伤的处理：

1）线芯截面损伤不超过导电部分截面的17%时，可敷线修补，敷线长度应超过损伤部分，每端缠绕长度超过损伤部分不小于100mm。

2）线芯截面损伤在导电部分截面的6%以内，损伤深度在单股线直径的1/3之内，应用同金属的单股线在损伤部分缠绕，缠绕长度应超出损伤部分两端各30mm。

3）线芯损伤有以下情况之一时，应锯断重接：①在同一截面内，损伤面积超过线芯导电部分截面的17%；②钢芯断一股。

（2）绝缘层的损伤处理：

1）绝缘层损伤深度在绝缘层厚度的10%及以上时应进行绝缘修补。可用绝缘自粘带缠绕，每圈绝缘粘带间搭压带宽的1/2，补修后绝缘自粘带的厚度应大于绝缘层损伤深度，且不少于两层。也可用绝缘护罩将绝缘层损伤部位罩好，并将开口部位用绝缘自粘带缠绕封住。

2）一个档距内，单根绝缘线绝缘层的损伤修补不宜超过三处。

4. 绝缘线的连接和绝缘处理

（1）绝缘线连接的一般要求：

1）绝缘线的连接不允许缠绕，应采用专用的线夹、接续管连接。

2）不同金属、不同规格、不同绞向的绝缘线，无承力线的集束线严禁在档内做承力连接。

3）在一个档距内，分相架设的绝缘线每根只允许有一个承力接头，接头距导线固定点的距离不应小于500mm，低压集束绝缘线非承力接头应相互错开，各接头端距不小于200mm。

4）铜芯绝缘线与铝芯或铝合金芯绝缘线连接时，应采取铜铝过渡连接。

5）剥离绝缘层、半导体层应使用专用切削工具，不得损伤导线，切口处绝缘层与线芯宜有45°倒角。

6）绝缘线连接后必须进行绝缘处理。绝缘线的全部端头、接头都要进行绝缘护封，不得有导线、接头裸露，防止进水。

7）中压绝缘线接头必须进行屏蔽处理。

8）绝缘线接头应符合下列规定：

a. 线夹、接续管的型号与导线规格相匹配。

b. 压缩连接接头的电阻不应大于等长导线的电阻的1.2倍，机械连接接头的电阻不应大于等长导线的电阻的2.5倍，档距内压缩接头的机械强度不应小于导体计算拉断力的90%。

c. 导线接头应紧密、牢靠、造型美观，不应有重叠、弯曲、裂纹及凹凸现象。

（2）承力接头的连接和绝缘处理：

1）承力接头的连接采用钳压法、液压法施工，在接头处安装辐射交联热收缩管护套或预扩张冷缩绝缘套管（统称绝缘护套）进行绝缘处理。

2）绝缘护套管径一般应为被处理部位接续管的1.5～2.0倍。中压绝缘线使用内外两层绝缘护套进行绝缘处理，低压绝缘线使用一层绝缘护套进行绝缘处理。

3）有导体屏蔽层的绝缘线的承力接头，应在接续管外面先缠绕一层半导体自粘带和绝缘线的半导体层连接后再进行绝缘处理。每圈半导体自粘带间搭压带宽的1/2。

4）截面为240m²及以上铝线芯绝缘线承力接头宜采用液压法施工。

5）钳压法施工：

a．将钳压管的喇叭口锯掉并处理平滑。

b．剥去接头处的绝缘层、半导体层，剥离长度比钳压接续管长60～80mm。线芯端头用绑线扎紧，锯齐导线。

c．将接续管、线芯清洗并涂导电膏。

d．按规定的压口数和压接顺序压接，压接后按钳压标准矫直钳压接续管。

e．将需进行绝缘处理的部位清洗干净，在钳压管两端口至绝缘层倒角间用绝缘自粘带缠绕成均匀弧形，然后进行绝缘处理。

6）液压法施工：

a．剥去接头处的绝缘层、半导体层，线芯端头用绑线扎紧，锯齐导线，线芯切割平面与线芯轴线垂直。

b．铝绞线接头处的绝缘层、半导体层的剥离长度，每根绝缘线比铝接续管的1/2长20～30mm。

c．钢芯铝绞线接头处的绝缘层、半导体层的剥离长度，当钢芯对接时，其一根绝缘线比铝接续管的1/2长20～30mm，另一根绝缘线比钢接续管的1/2和铝接续管的长度之和长40～60mm；当钢芯搭接时，其一根绝缘线比钢接续管和铝接续管长度之和的1/2长20～30mm，另一根绝缘线比钢接续管和铝接续管的长度之和长40～60mm。

d．将接续管、线芯清洗并涂导电膏。

e．按规定的各种接续管的液压部位及操作顺序压接。

f．各种接续管压后压痕应为六角形，六角形对边尺寸为接续管外径的0.866倍，最大允许误差S为（0.866×0.993D+0.2）mm，其中D为接续管外径，三个对边只允许有一个达到最大值，接续管不应有肉眼看出的扭曲及弯曲现象，校直后不应出现裂缝，应锉掉飞边、毛刺。

　　g. 将需要进行绝缘处理的部位清洗干净后进行绝缘处理。

　　7）辐射交联热收缩管护套的安装：

　　a. 加热工具使用丙烷喷枪，火焰呈黄色，避免蓝色火焰。

　　b. 将内层热缩护套推入指定位置，保持火焰慢慢接近，从热缩护套中间或一端开始，使火焰螺旋移动，保证热缩护套沿圆周方向充分均匀收缩。

　　c. 收缩完毕的热缩护套应光滑无皱折，并能清晰地看到其内部结构轮廓。

　　d. 在指定位置浇好热熔胶，推入外层热缩护套后继续用火焰使之均匀收缩。

　　e. 热缩部位冷却至环境温度之前，不准施加任何机械应力。

　　8）预扩张冷缩绝缘套管的安装。

将内外两层冷缩管先后推入指定位置，逆时针旋转退出分瓣开合式芯棒，冷缩绝缘套管松端开始收缩。采用冷缩绝缘套管时，其端口应用绝缘材料密封。

　　（3）非承力接头的连接和绝缘处理：

　　1）非承力接头包括跳线、T接时的接续线夹（含穿刺型接续线夹）和导线与设备连接的接线端子。

　　2）接头的裸露部分须进行绝缘处理，安装专用绝缘护罩。

　　3）绝缘罩不得磨损、划伤，安装位置不得颠倒，有引出线的要一律向下，需紧固的部位应牢固严密，两端口需绑扎的必须用绝缘自粘带绑扎两层以上。

　　5. 绝缘导线紧线

　　（1）紧线时，绝缘线不宜过牵引。

　　（2）紧线时，应使用网套或面接触的卡线器，并在绝缘线上缠绕塑料或橡皮包带，防止卡伤绝缘层。

　　（3）绝缘线的安装弛度按设计给定值确定，可用弛度板或其他器件进行观测。绝缘线紧好后，同档内各相导线的弛度应力求一致，施工误差不超过±50mm。

　　（4）绝缘线紧好后，线上不应有任何杂物。

　　6. 绝缘导线的固定

（1）采用绝缘子（常规型）架设方式时绝缘线的固定。

（2）中压绝缘线直线杆采用针式绝缘子或棒式绝缘子，耐张杆采用两片悬式绝缘子和专用耐张线夹。

（3）针式或棒式绝缘子的绑扎：直线杆采用顶槽绑扎法，直线角度杆采用边槽绑扎法绑扎在线路外角侧的边槽上。使用直径不小于2.5mm的单股塑料铜线绑扎。

（4）绝缘线与绝缘子接触部分应用绝缘自粘带缠绕，缠绕长度应超出绑扎部位或与绝缘子接触部位两侧各30mm。

（5）没有绝缘衬垫的耐张线夹内的绝缘线宜剥去绝缘层，其长度和线夹等长，误差不大于5mm。将裸露的铝线芯缠绕铝包带，耐张线夹和悬式绝缘子的球头应安装专用绝缘护罩罩好。

（6）中压绝缘线路每相过引线、引下线与邻相的过引线、引下线及低压绝缘线之间的净空距离不应小于200mm；中压绝缘线与拉线、电杆或构架间的净空距离不应小于200mm。

（7）10kV架空绝缘线路普通线夹都不采用螺栓固定，当线路档距、高差、耐张段较大时，应采用螺栓型耐张线夹及专用绝缘罩。

（8）10kV架空绝缘线路的安全要求：与普通10kV架空线路的安全要求相同，不得降低架设标准。

二、施工作业

（一）工作开始前的现场勘察工作

设备运维管理单位人员和工作负责人必须同时到现场共同确认并签字。

1. 现场勘察工作要求

（1）落实并认真记录停电范围、保留的带电部位、装设接地线的位置，邻近线路、交叉跨越、多电源、自备电源情况。

（2）现场作业条件。

（3）环境及其他影响作业的危险点。

（4）填写《现场勘察记录》。

（5）根据现场作业的危险性、复杂性和困难程度，确定是否编写安全、技术、组织措施。

（6）根据现场勘察结果办理工作票。

2. 地震后抢修现场勘察要求

（1）必须确保现场要有设备运维管理单位熟悉现场的工作人员配合参与（对支援配合单位及参与抢修的外施工队伍必须认真落实）。

（2）落实现场：

1）杆塔是否受冲击力后发生扭曲、倾斜，混凝土杆是否出现新的裂纹，现场确定杆塔是否还可用，是采取临时补强处理措施还是拉倒处理或校杆。

2）地基沉陷后拉线是否可用，导线受冲击后是否可用。

3）杆塔、拉线地基是否发生沉降，是否要处理。

4）线路通道上方高电压等级或同电压等级电力线路是否由于地震后造成杆塔倾斜弧垂下降与抢修线路安全距离不足。

5）线路通道下方电力线路是否由于地震后造成杆塔倾斜弧垂上升与抢修线路安全距离不足。

6）下方电力线路及低压线路是否带电（特别要核实是否存在交叉供电的低压线路及10kV线路、下方的光缆线路钢绞线、铁丝等是否有碰触电力线路带电的可能）。

（3）现场线路名称杆塔编号是否齐全，不齐全的应做标识或考虑其他措施。

（4）现场记录清楚，现场勘察时工作负责人应形成抢修处理初步方案。

（5）现场抢修不编制三措的前提下，勘察完成后有完整的处理方案：根据现场确定应准备的施工工具（按人员配置足够的数量）、材料组织（现场杆塔及导线型号规格等记录、除可用部分外应准备的小材料、拆除时由于锈蚀原因无法完好拆除的、拆除过程中无法确保完好拆除的、原来就存在缺陷的）、人员布置、施工方案。

（6）现场落实线路接线方式，要求现场电气一次接线情况与在用电气一次接线图纸相符，不相符时必须查明原因。

（二）导线拆除及架设前的材料准备

根据抢修现场勘察落实的实际情况落实：

（1）确定原线路材料是否可用，可用数量。确定规格型号，核实数量。

（2）材料准备：交代材料位置、规格、型号数量。交代吊装安全注意事项，准备过程中考虑恢复过程中锈蚀无法拆除的材料。

（3）检查材料的型号、数量是否满足要求，核实规格型号和数量。

（三）导线拆除及架设前的工具准备

作业工具准备：应由工作负责人根据现场实际工作情况及参加工作人员数量、施工作业方法确定规格及数量。

（1）安全工具：接地线、验电器、高压验电发生器。

（2）个人工具：安全帽、安全带、工具包、脚扣或登高板。

（3）紧线工具：紧线器（手扳葫芦或棘轮紧线器）、钢绳套、导线卡线器、地线卡线器、钢丝绳、机动或人力绞磨、紧线滑车。

（4）放线工具：放线架（含铁棒）。

（5）其他工具：吊绳、滑车（吊物滑车及放线滑车、起重滑车）、绳套（吊工具绳套及起重用钢绳套）、扳手（活动扳手或套筒扳手）、工具锤、钢丝钳、拔销钳、铁桩、大锤。

（四）施工现场作业

1. 作业人员进入现场后的作业前工作

（1）班前会。

1）针对现场工作复杂而工期要求未编制三措的情况下，对安全、技术、组织措施作说明：对作业方法进行详细说明，进行作业人员分工安排，对施工工艺要求认真说明，特别要对拆除恢复后的相序等认真说明（要求拆除前对T接及跳线点前用手机照相或汇图记录，恢复后核对照片或汇图记录）。说清楚所采取的安全措施及落实方案。强调要求施工人员登杆塔前的杆根、杆身、拉线检查工作，发现异常立即汇报。对跨区域参加抢修作业及外施工单位必须明确工作范围及作业杆塔应认真核对线路名称及编号。

2）宣读工作票，危险点控制措施及应采取的安全防范措施。

（2）与设备管理部门或调度部门落实停电情况。

（3）确认线路设备已停电后，落实工作班成员到工作票所列的位置验电装设接地线并做好装拆记录。

（4）核实是否已按要求完成所有接地线装设，并做好相应记录。

2. 现场作业要求

（1）通信畅通：确保通信畅通，做到令行禁止。

（2）沟通及时准确：各作业点出现材料不够、作业困难、工具不能满足要求、处理过程中无法及时完成等各类问题时，必须及时汇报，地方语言沟通困难时应用普通话。

（3）服从统一指挥：施工队伍人员来自不同单位，作业方法、人员技能不一致，必须统一服从工作负责人指挥。

（4）规范作业：高空作业宜使用防坠器、吊绳统一使用无极绳并规范起吊，作业标准参照作业指导书。

3. 现场线路拆除作业

（1）普通小档距作业：导线张力较小，在耐张杆塔上采用普通紧线器从杆塔上收紧导线，用绳索配合导线卡固定导线后拆除绝缘子串与耐张线夹连接处的销钉，松开紧线器后解脱紧线器导线侧挂钩后从杆塔上逐渐松开绳索放下导线。

（2）大档距作业，导线张力较大，作业方法有两类：

1）在耐张杆塔上采用承力较大的手扳葫芦或链条葫芦从杆塔上收紧导线，拆除绝缘子串与耐张线夹连接处的销钉，部分释放导线张力到绳索能承受范围后用绳索配合导线卡固定导线，松开葫芦后解脱链条导线侧挂钩后从杆塔上逐渐松开绳索放下导线。

2）采用承力较大的人力或机动绞磨通过滑车用钢绳牵引收紧导线，解脱绝缘子串与耐张线夹连接处的销钉，慢慢放下导线。

（3）现场拆除作业安全注意事项：

1）作业人员到达各自的现场后，应认真核实作业杆塔线路名称、编号，无法准确核实时应立即汇报。检查混凝土杆裂纹严重，禁止登杆并汇报工作负责人，可采取补强措施后继续作业的应在采取补强措施后才允许登杆塔作业。杆塔严重倾斜有随时倒塌可能的，不得登杆塔作业。导线出现严重损伤，拆除过程中有可能在拆除时断裂的，必须采取措施后才能开展导线拆除作业。

2）收紧导线过程中注意导线牵引长度应控制在线夹可松脱时立即停止紧线，防止导线过牵引后应力增大，导致杆塔及横担受力增大发生杆塔倾斜及横担扭转。

3）档距较大时，应在对侧耐张杆塔横担上用钢绳打临时拉线，防止横担受力增大导致横担变形。

4）收紧导线前，应将档距内直线杆上的导线绑扎线拆除，档距较大时，导线应放入放线滑车内。

5）严禁使用突然开断导线的方法松线，撒线前必须做好防止倒杆的临时措施。

6）导线拆除作业时，应先拆两边线，后拆中相线。条件具备时应两根边线同时拆除，防止拆除过程中横担偏转。

7）杆身出现严重裂纹、杆塔倾斜、扭曲、拉线松软、杆塔基础变形或出现裂纹时，未采取处理措施不得开展导线拆除作业。

8）绝缘导线拆除时，应采用绝缘导线专用卡线器。无专用卡线器时，作业过程中应采取防导线突然松脱的保险措施。

9）专人负责导线不能在杆塔设备构件及通道内建筑物、树木上发生钩挂，防止损伤导线及杆塔上的设备。

10）导线拆除过程中，应安排人员在可能来车的方向150米外设置电力线路施工警示牌并安排专人看守，看守人员不得以任何原因离开工作岗位。

（4）现场拆除作业要求：作业属于抢修作业，能使用的材料应确保恢复线路时再次使用，拆除过程中应注意导线回收时不得打金钩及损伤，绝缘子不得受损，各部分螺栓垫片、螺母完整。

4. 现场恢复作业基本要求

（1）横担安装：发生变形后的横担、顶套、斜撑等应在条件具备的情况下进行更换，规格长度应不小于原长度和厚度，安装距离应尽可能维持原安装距离，确保抢修后导线对上方和下方的交叉跨越物距离不变，避免造成抢修后对上方的高电压等级或同电压等级线路，对下方的各类建筑物及线路安全距离不足。

（2）金具安装：发生变形及锈蚀的金具应在条件具备的情况下进行更换，规格型号应采用原线路型号，金具长度发生变化后应在弧垂调整时注意。

（3）绝缘子安装：抢修中应认真检查原绝缘子损伤情况，发现损伤严重的应及时更换，更换后的绝缘子应在安装前检测绝缘是否合格。

（4）导线架设：

1）导线截面不大于70m^{2}的单股钢芯导线，抢修时允许采用叉接方式临时恢复使用；大于70m^{2}的多股钢芯导线，应采用钳压或液压连接方式。

2）由于情况特殊，恢复时更换后的一相导线与原导线截面不一致时，应考虑将截面发生变化后的新导线布置为中线。更换后的两相导线与原导线截面不一致时，应考虑将截面发生变化后的新导线布置为两边线。以确保恢复后的线路横担受力均衡。

（5）T接线及引流线安装：

1）老旧线路恢复时导线的引流线及T接线连接点，应采用尽可能的措施对导线进行氧化层清洁处理，老旧的并沟线夹也应进行接触面的氧化层清洁处理。

2）T接线及引流线恢复前对T接及跳线点前用手机照相或做标识，恢复后应认真核对线路拆除前所拍的分支线路及连接设备、跳线的照片或绘制的图纸，确保线路相序正确无误。

5. 现场恢复导线作业

（1）普通小档距作业：导线张力较小，对侧耐张杆塔上做好软挂（导线绝缘子串安装连接完成后安装在耐张杆上，不承受导线张力）后，用绳索配合导线卡通过滑车将导线头牵引至收紧线耐张杆塔上，采用普通紧线器牵引挂钩固定在导线卡上，从杆塔上收紧并固定导线。

（2）大档距作业，导线张力较大，作业方法有两类：

1）对侧耐张杆塔上做好软挂后，用绳索配合导线卡通过滑车将导线头牵引至收紧线耐张杆塔上，在耐张杆塔上采用承力较大的手扳葫芦或链条葫芦从杆塔上收紧并固定导线。

2）对侧耐张杆塔上做好软挂后，采用承力较大的人力或机动绞磨通过滑车用钢绳牵引收紧并固定导线。

（3）现场恢复导线架设作业安全注意事项：

1）收紧导线过程中注意导线牵引长度应控制在导线弧垂符合安装要求后立即停止紧线，再稍稍收紧后就应安装耐张线夹，防止导线过牵引后应力增大，导致杆塔及横担受力增大发生杆塔倾斜及横担扭转。

2）档距较大时，应在对侧耐张杆塔横担上用钢绳打临时拉线，防止横担受力增大导致横担变形。

3）收紧导线前，应将档距内直线杆上的导线放在针式绝缘子凹槽内，档距较大时，导线应放入放线滑车内。

4）导线安装紧线作业时，应先收紧中线，后收紧两边线。条件具备时应同时收紧两边线，避免不平衡紧线时导线横担偏转导致两边线弧垂不一致而反复调整，浪费时间。

5）专人负责导线不能在杆塔设备构件及通道内建筑物、树木上发生钩挂，防止损伤导线及杆塔上的设备。

6）导线紧线过程中，应安排人员在可能来车的方向150米外设置电力线路施工警示牌并安排专人看守，看守人员不得以任何原因离开工作岗位。

（五）现场工作结束

（1）作业人员自检合格，检查清理工具材料在杆塔上无预留后下杆。

（2）工作负责人或小组负责人现场检查工艺质量合格，检查工具材料在杆塔上无预留。

（3）工作负责人或小组负责人落实现场杆塔上作业人员，交代工作将终结任何人不得登杆。

（4）工作负责人安排拆除接地线，落实接地线全部拆除并核对接地线装拆记录。

（5）汇报调度或设备管辖部门工作终结。

模块五　现场实战模拟演练

一、现场指挥部构建

现场实战演练指挥部机构设置如下。

总指挥：1人。

信息组：9人（信息收集、整理、发布3人，信息报送3人，信息专报3人）。

后勤物资保障组：3人。

安全巡查组：3人。

保供电组：15人。

巡线抢修组：15人。

二、现场实战演练内容

总指挥：负责发布与应急抢修的演练命令，负责审核信息内容发布、上报，负责协调、沟通等事宜。

信息组：负责信息收集、编写、发布，负责编制应急信息快报，负责编制信息专报、负责编制抢险总结。

后勤物资保障组：负责应急物资配送、统计（含：应急药品、抢险物资、车辆调配），负责现场应急人员生活保障。

安全巡查组：负责应急现场安全排查、督查、管控，临时用电安全宣传，编写现场安全督查报表。

保供电组：负责现场指挥部、灾民安置点帐篷搭建，应急发电设备、照明线路、照明设备的安装，确保指挥部、灾民安置点"电通、信息通、道路通"。

巡线抢修组：电力设施故障巡查、信息报送及故障修复。

附 录

附录一 表单

附表1-1 突发事件应急信息快速报告单模板

填报单位（公章）：　　　　　　　　　　填报时间： 年 月 日 时 分

事发单位		直接上级单位	
事件简题			
发生时间			
事件简况			
事件原因			
事件后果			
部门负责人		填报人	

注：1. 填报单位：分子公司和地市级单位；

2. 事发单位：地市级单位或县级供电企业；

3. 事件简况：事件发生、扩大和应急救援处理的简要情况；

4. 事件原因：对事件原因进行初步判断；

5. 事件后果：人员伤亡情况、停电影响、设备损坏或可能造成的不良社会影响等；

6. 突发事件信息报告单日常报应急办及相关成员部门，节假日期间报公司生产值班人员，
必要时可直接报公司总值班室。

附表1-2　初始信息报告单模板

××（注：为地震名称）初始信息报告单

_____年___月___日___时___分，_____地区发生___级地震。

1. 人员伤亡情况

（包括电力生产员工、在建基建项目承包商队伍、大修、技改等项目施工承包商人员等。）

截至_____年___月___日___时___分，造成___（单位）轻伤___人，重伤___人，死亡___人，下落不明___人。（或未造成人员伤亡。）

其他情况：_____

_____

2. 建筑物、构筑物损坏情况

（包括办公大楼、变电站主控楼、调度大楼、电缆通道构筑物、其他无人居住的建筑等。）

截至_____年___月___日___时___分，造成___（单位）房屋倒塌（受损）___栋，分别为办公楼___栋，变电站主控楼___栋，无人居住建筑___间。（或未造成建筑物、构筑物损坏。）

其他情况：_____

_____

3. 电力设备损坏情况

（包括变电站内电力设备、设施，架空输配电线路杆塔等。）

单位	线路受损（杆塔基数）					受损配变（台）	受灾变电站（座）	受损线路（km）
	500kV	220kV	110kV	35kV	10kV			

其他情况：_____

_____

4. 电网跳闸情况

单位	500kV线路（条次）					220kV线路（条次）					110kV线路（条次）					35kV（条次）		10kV（条次）	
	跳闸总数	重合成功	强送成功	永久故障已送	未恢复条数	跳闸总数	重合成功	强送成功	永久故障已送	未恢复条数	跳闸总数	重合成功	强送成功	永久故障已送	未恢复条数	跳闸总数	未恢复条数	跳闸总数	未恢复条数

其他情况：_____

_____

附表1-3　内部事件应急信息报告模板

××事件应急信息报告

（公司内部使用的阶段报告模板）

填报单位：　　　　　　　　　　　　　　　　报告时间：×月×日×时

一、事件简况（安监部填报）

_____

_____

二、应急响应启动情况（安监部填报）

表4-1　应急响应启动情况统计表

	公司二级单位	××县公司	××县公司	××县公司
启动时间	×月×日×时×分	×月×日×时×分	×月×日×时×分	×月×日×时×分
结束时间	×月×日×时×分	×月×日×时×分	×月×日×时×分	×月×日×时×分
当前响应级别				

三、应急指挥机构情况（安监部填报）

（一）应急指挥机构组成

表4-2　应急机构组成明细

机构	地点	授权职务	姓名
应急指挥部		指挥长	
		副指挥长	
		调度指挥组长	
		信息组长	
		故障巡抢组长	
		保供电组长	
		物资保障组长	
		后勤保障组长	
		新闻宣传组长	
		资产理赔组长	
		安全巡查组长	
第一现指		指挥官	
第二现指		指挥官	

（二）本单位应急指挥部值班表

表4-3 应急值班明细

日期	时间段	24小时值班电话	成员1	成员1手机	成员2	成员2手机
×月×日	××：00-××：00					
×月×日	××：00-××：00					
×月×日	××：00-××：00					

四、损失情况

（一）政府公布的事件情况（安监部填报）

表4-4 政府公布信息明细

遇难人数	失踪人数	受伤人数	受灾人数	直接经济损失
其他情况				

（二）本单位范围人身伤亡及救治情况（安监部填报）

表4-5 本单位人身伤亡及救治情况统计表

序号	姓名	伤亡情况	个人情况简介	救治情况
1				
2				
3				
4				

（三）电网、用户影响及恢复情况

1. 电力设备设施受损情况（设备部填报）

表4-6　电力设备设施受损统计表

项　目	设备受损数量	折合经济损失（万元）	费用计算说明	备注
500kV变电站受损（座）				
220kV变电站受损（座）				
110kV变电站受损（座）				
35kV变电站受损（座）				
500kV线路倒杆（基）				
500kV线路断线（处）				
220kV线路倒杆（基）				
220kV线路断线（处）				
110kV线路倒杆（基）				
110kV线路断线（处）				
35kV线路倒杆（基）			5万元/基	
35kV线路断线（处）			1万元/处	
10kV线路（含支线）倒杆（基）			3万元/基	
10kV线路（含支线）断线（处）			0.5万元/处	
0.4kV线路（含支线）倒杆（基）			1万元/基	
0.4kV线路（含支线）断线（处）			0.1万元/处	
0.4kV及以下设备设施（含户表）受损（个）			0.1万元/个	
台变损坏台数（台）			6万元/台	
台变修复台数（台）			1.2万元/台	
……				
合计（万元）	/		/	/

　　注：费用计算仅作应急响应过程灾情参考，最终以公司正式定损统计为准。

2. 电网停运及恢复情况（系统部填报）

表4-7   电网停运及恢复统计表

类别		×月×日		×月×日	
		累计影响数	累计恢复数	累计影响数	累计恢复数
线路跳闸及恢复情况	500kV				
	220kV				
	110kV				
	35kV				
	10kV				
变电站停运及恢复情况	500kV				
	220kV				
	110kV				
	35kV				

3. 客户侧停电情况（市场部填报）

表4-8   客户侧停电情况统计表

注：供电局汇总该表时，在县公司报告的基础上，增加供电局直管的内容；该表中，供电局数据不含县公司。

类别	范围	×月×日		×月×日	
		累计影响数	累计恢复数	累计影响数	累计恢复数
台区	××县公司				
	××县公司				
	××供电局				
	合计				
停电用户（含重要用户）	××县公司				
	××县公司				
	××供电局				
	合计				
其中，重要用户	××县公司				
	××县公司				
	××县公司				
	合计				

续表

类别	范围	×月×日		×月×日	
		累计影响数	累计恢复数	累计影响数	累计恢复数
停电负荷	××县公司				
	××县公司				
	××县公司				
	合计				

五、灾民安置点、重要场所供电情况（市场部填报）

表4-9 临时场所供电统计表

地区	安置点数量（处）	已供电安置点数量（处）	便民服务点（个）	灾民人数（人）	帐篷数量（顶）	重要场所数量（处）	已供电重要场所数量（处）
××县							
××县							
××县							
合计							

六、电网内部抢险投入情况（设备部填报）

表4-10 电网内部抢险投入统计表

项 目	投入数量	投入经费	费用计算说明	备注
抢险人员（人次）			0.03万元/人工日	每人每天算1.5工日
安全巡查（人次）			0.03万元/人工日	每人每天算1.5工日
抢险车辆（辆天）			0.05万元/辆天	每辆车每天算1.5个台班
大型抢险车辆、装备（台天）			0.25万元/台天	每辆车每天算1.5个台班
铁塔（基）				
水泥杆（基）			0.27万元/基	
台变（台）			6万元/台	
导线（km）				

项　目	投入数量	投入经费	费用计算说明	备　注
其他物资（件）				其他采购的生活用品、防护工器具、低压配电箱及相关耗材等
…				
合计（万元）	/		/	/

注：费用计算仅作应急响应过程灾情参考，最终以公司正式定损统计为准。

七、配合政府处突投入情况（设备部填报）

表4-11　配合政府处突投入统计表

项　目	投入数量	投入经费	费用计算说明	备　注
保电人员（人次）			0.03万元/人工日	每人每天算1.5工日
安全巡查（人次）			0.03万元/人工日	每人每天算1.5工日
保电车辆（台班）			0.5万元/辆天	每辆车每天算1.5个台班
应急短信（万条次）			0.04万元/万条次	
应急发电车（台）			10kV发电车：1.4万元/小时；0.4kV发电车：0.4万元/小时	含运输费及油费
应急发电机（台）			0.2万元/天	含运输费及油费
高杆灯（台）			0.3万元/天	含运输费及油费
帐篷（顶）				含损耗及运输费
低压电缆（km）			0.726万/公里	含运输费
铝芯塑料线（km）			0.3万/公里	含运输费
低压配电箱（个）			0.8万元/个	含运输费
低压供电套装（套）			130元/套	含材料费和运输费
节能灯（个）			22元/个	含运输费
其他耗材（件）				胶带、绑扎带等
安全用电手册（份）			5元/份	
……				
小计（万元）	/		/	/

注：费用计算仅作应急响应过程灾情参考，最终以公司正式定损统计为准。

八、新建电力设备设施投入情况（设备部填报）

表4-12　新建投入统计表

项　目	投入数量	投入经费	费用计算说明	备　注
新建35kV线路（km）				
新建10kV线路（km）			14万元/km	
新建400V线路（km）				
……				
小计（万元）				

注：费用计算仅作应急响应过程灾情参考，最终以公司正式定损统计为准。

九、安全巡查情况（安监部填报）

表4-13　安全巡查统计表

日期	巡查地点（处）	发现问题（项）	已整改（项）	制定措施控制（项）
×月×日				
×月×日				
合计				

十、新闻宣传、舆情监测、舆论引导情况（新闻中心填报）

_____

十一、天气、道路交通、次生灾害情况（安监部填报）

_____

十二、上级指示及落实情况、现场应急处置动态等重要事情简述（安监部填报）

_____

十三、大事记（安监部填报）

表4-14　大事记明细

序号	日　期	大事记
1	×月×日×时×分	
2		

附表1-4 危险源辨识与预控措施

序号	风险点	预控措施	控制人
1	人身触电	（1）个人防护器具必须保证在试验合格期内，仔细检查其是否损坏、漏气； （2）验电：使用合格的相应电压等级的专用验电器； （3）遵循由下至上、由近至远的原则逐相进行验电；验明线路确无电压后在工作线路两侧装设接地线，装设时应先装接地端后装导线端，拆除时与其相反； （4）作业过程中若遇天气突变，有可能危及人身安全时，立即停止工作	工作负责人
2	高空坠落	（1）工器具在试验合格期内，使用工具前仔细检查其是否损坏、变形、失灵； （2）高处作业必须使用安全带； （3）使用安全带严禁"低挂高用"； （4）若电杆湿滑，登杆时应采取防滑措施	工作负责人 杆上电工
3	物体打击	（1）工作场所周围装设围栏，并在相应部位装设交通警示牌，所有作业人员进入作业现场必须正确佩戴安全帽； （2）承力工具不得超额定荷载使用； （3）起吊工具材料时必须拴稳拴牢，绑扎长件工具时应用尾绳控制； （4）必须使用工具包，防止工具掉落，作业点正下方不得有人逗留和通过； （5）大锤使用前应进行检查，不准戴手套或用单手抢大锤，周围不准有人靠近	工作负责人 杆上电工 地面电工
4	交通风险	（1）根据现场实际路况在来车方向前50m摆放"电力施工车辆慢行"警示牌，在道路周边或道路上施工穿反光衣，夜间作业悬挂警示灯； （2）防止外界妨碍和干扰作业，在施工地点四周装置安全护栏和作业标志	工作负责人
5	中暑	应避开炎热高峰时段作业，现场气温达35℃及以上时，不宜开展作业，现场气温达40℃及以上时，应停止室外露天作业；现场应配备饮用水和急救药物	工作负责人

附表1-5　灾情核查工作单（模板）

支援单位 班组			作业设备所属 运行单位	
工作任务				
核查时间		年　　月　　日	核查范围	
核查人员 签名		核查人员共计＿＿＿＿人。工作负责人：＿＿＿＿＿＿＿＿＿＿＿＿＿＿＿＿。 运行单位核查人员：＿＿＿＿＿＿＿＿＿＿＿＿＿＿＿＿＿＿＿＿＿＿。 支援单位核查人员：＿＿＿＿＿＿＿＿＿＿＿＿＿＿＿＿＿＿＿＿＿＿。		

		一、核查准备		
出发前 准备资料	工器具		望远镜 确认（　　）、数码照相机 确认（　　）、个人工具 确认（　　）、PDA 确认（　　）、其他＿＿＿＿＿＿＿＿＿＿	
	资料		单线图 确认（　　）、线路或台区（低压线路）、路径图 确认（　　）、其他＿＿＿＿＿＿＿＿＿＿	
风险评估 及风险 预控措施	触电	（1）沿线路外侧行走，大风应沿线路上风侧行走； （2）发现导线断落地面或悬吊空中，应设法防止行人靠近断线点8米以内，并迅速报告领导，等候处理； （3）单人巡视过程严禁攀登杆塔，禁止修剪可能触及带电设备的树木		确认（　　）
	坠落	（1）巡视时禁止攀登树木和杆塔； （2）偏僻山区、夜间巡线时必须两人进行，选择恰当的巡视路径，防止失足跌落及山泥倾泻		确认（　　）
	交通 意外	（1）恶劣天气，特别要做好出车前的检查； （2）夜间巡视需穿着反光衣		确认（　　）
	溺水	过河时，不得趟（游）不明深浅的水域，过桥时要提防桥有坍塌危险，要小心防止落水		确认（　　）
	其他	（1）灾情核实过程中，核查人员应始终认为线路及设备带电，不得擅自处理任何故障； （2）如发现因受灾设备影响，危及人身和财产安全等紧急情况时，应及时汇报并做好临时安全措施，等待处理		确认（　　）

	新增风险及控制措施			确认（　）
	作业人员清楚工作任务和作业环境情况			确认（　）
周边环境和交通特点				
二、灾情记录				
1				
2				
…				

附表1-6　灾后抢修现场勘察工作单（模板）

作业（施工）单位		作业设备所属运行单位	
工作任务			
勘察时间	年　　月　　日	勘察地点	
勘察人员签名	勘察人员共计____人。工作负责人：_____。 运行单位勘测人员：_____。 外施工单位勘察人员：_____。		

一、现场勘察内容记录

勘察内容		勘察结果	勘察记录
基础资料	作业范围内设备、设施、标识与图纸的一致性		确认（　）
	不一致的是否根据现场实物已修改图纸		确认（　）
停电范围及操作设备	（1）摸清作业地段的电源侧和负荷侧		确认（　）
	（2）摸清反送电可能的位置		确认（　）
	（3）摸清邻近或交叉的带电线路和设备。线路同杆架设，保证工作人员距带电导线最小距离500kV≥5.0m、220kV≥3.0m、110kV≥1.5m、10kV≥0.7m；邻近或交叉其他电力线路的安全距离500kV≥6.0m、220kV≥4.0m、110kV≥3.0m、10kV≥1.0m		确认（　）
	（4）摸清需保留的带电设备		确认（　）
	（5）确定作业停电范围		确认（　）
	（6）确定装设地线位置，是否安装方便，并考虑若有感应电压反映在停电线路上加挂接地线的位置		确认（　）
	（7）核查需停电的开关、刀闸是否完好，核实设备名称、编号与图纸一致，确认开关外观完好、没有异味，SF$_6$开关压力无异常，开关柜带电局放试验结果无异常（试验日期与操作日期相距超过3个月，应重新进行局放试验）		确认（　）

设备材料、工器具和人员	（1）作业所需主要物资、材料清单（可后附）		确认（　）
	（2）作业所需主要车辆、机具，特种工器具		确认（　）
	（3）作业所需的作业人员种类和数量		确认（　）
周边环境和交通特点	（1）核查占用机动车道、邻近人口密集的地段		确认（　）
	（2）确定交通警示牌设置位置		确认（　）
	（3）确定作业现场围蔽范围		确认（　）
	（4）确定需交通管制地段及时段，提前联系属地派出所或交警		确认（　）
二、初步确定作业方法和流程			
作业方法			
作业流程			
三、作业风险辨析			

序号	风险描述	控制措施
1		
2		
3		
4		
5		

审　批　栏			
抢修队伍队长或技术管理员审批		运行单位（部门）主管领导审批	

填写要求：

1．"勘察记录"：如正常则填写"√"、异常则填写"×"、无须执行则填写"〇"；

2．异常时必须对异常情况进行详细描述；

3．本表由现场工作负责人现场填写；

4．各单位可根据本地实际情况，在本模板基础上增加内容，但不得减少模板原有内容

附表1-7 线路第一种工作票格式

____(单位名称)____ 线路第一种工作票

	盖章处

编号:

工作负责人(监护人): 单位和班组: 工作负责人及工作班人员总人数共 人		计划工作时间	自 年 月 日 时 分 至 年 月 日 时 分
是否办理分组工作派工单:□是,共 张; □否。			
工作班人员(不包括工作负责人):			
工作任务:			
停电线路名称:			
工作地段:			

工作要求的安全措施(必要时可附页绘图说明)	应拉断路器和隔离开关(厂站名及双重名称):
	应合的接地开关(注明双重编号)或应装的接地线(装设地点):
	应设遮拦、应挂标示牌(注明位置):
	其他安全措施和注意事项:

应装设的接地线	线路名称及杆号							
	接地线编号							

签发	工作票签发人签名: 时间:年 月 日 时 分
	工作票会签人签名: 时间:年 月 日 时 分
接收	值班负责人签名: 时间:年 月 日 时
工作许可	□工作许可人负责的本工作票"工作要求的安全措施"栏所述措施已经落实。 保留或邻近的带电线路、设备: 其他安全注意事项: 工作许可人签名: 工作负责人签名: 许可方式: 时间:年 月 日 时 分
指定	为专责监护人。 专责监护人签名:
安全交代	工作班人员确认工作负责人所交代布置的工作任务、安全措施和作业安全注意事项

工作间断	工作班人员 (分组负责人) 签名：	工作许可人	工作负责人	方式	工作开始时间	工作许可人	工作负责人	方式
	时间： 年月日时 分				月 日 时 分			
	月 日 时 分				月 日 时 分			
	月 日 时 分				月 日 时 分			
	月 日 时 分				月 日 时 分			

工作变更	工作任务	不需变更安全措施下增加的工作内容： 工作负责人签名：　　　　工作许可人签名：　　　　时间：年 月 日 时 分			
	工作负责人	工作票签发人签名：　　　原工作负责人签名：　　　现工作负责人签名： 工作许可人签名：　　　时间：年 月 日 时 分			
	工作班人员	变更情况	工作许可人/ 签发人	工作负责人	变更时间
					月 日 时 分
					月 日 时 分
					月 日 时 分

工作延期	有效期延长到 月 日 时 分。 工作许可人签名：　　　　工作负责人签名： 申请方式：　　　　　时间：年 月 日 时 分

工作票的终结	作业终结	全部作业于 月 日 时 分结束，线路(或配电设备)上所装设的接地线共（ ）组和使用的个人保安线已全部拆除，工作人员已全部撤离，材料工具已清理完毕，已恢复作业开始前状态。 工作负责人签名：　　　工作许可人签名： 终结方式：　　　时间：年 月 日 时 分
	许可人措施终结	临时遮拦已拆除，标示牌已取下，常设遮拦已恢复。 工作许可人签名：　　　　　　时间：年 月 日 时 分
	汇报调度	未拉开接地开关双重名称或编号： 共　　把。 未拆除接地线装设地点及编号： 共　　组。 值班负责人签名：　　　值班调度员（姓名）：　　　时间：年 月 日 时 分

附录1-8 线路第二种工作票格式

___（单位名称）___ 线路第二种工作票

盖章处

编号：

工作负责人（监护人）： 单位和班组： 工作负责人及工作班人员总人数共　　　人	计划工 作时间	自　年　月　日　时　分 至　年　月　日　时　分
是否办理分组工作派工单：□是，共　　张；　□否。		
工作班人员（不包括工作负责人）：		
工作任务：		
工作线路或设备名称：		
工作地段：		

工作要求的 安全措施	应采取的安全措施（停用线路重合闸装置、退出再启动功能等）：
	其他安全措施和注意事项：

续表

签发	工作票签发人签名：　　　　　　　　时间：年 月 日 时　分 工作票会签人签名：　　　　　　　　时间：年 月 日 时　分
接收	值班负责人签名：　　　　　　　　　时间：年 月 日 时　分
开始 （许可） 工作	□工作许可人负责的本工作票"工作要求的安全措施"栏所述措施已经落实。 补充安全注意事项： 下达通知的调度值班员（运维人员）签名：　　　工作负责人签名： 通知（许可）的方式：　　　时间：年 月 日 时　分
安全 交代	工作班人员确认工作负责人所交代布置的工作任务、安全措施和作业安全注意 事项。 工作班人员（分组负责人）签名： 时间：年 月 日 时　分
工作票的 终结	全部作业于　月 日 时　分结束，检修临时安全措施已拆除，已恢复作业开始 前状态，作业人员已全部撤离，材料工具已清理完毕。 □相关线路重合闸装置、再启动功能可以恢复。 接受汇报或通知的调度值班员（运维人员）签名：　　　工作负责人签名： 终结方式：　　　时间：年 月 日 时　分
备注（工作间断、变更、延期、补充措施、安全交代补充签名等）：	

附录1-9　低压配电网工作票格式

<u>　　（单位名称）</u>低压配电网工作票

盖章处

编号：

工作负责人（监护人）： 单位和班组： 工作负责人及工作班人员总人数共　　　人	计划工作时间	自　年　月　日　时　分 至　年　月　日　时　分
工作班人员（不包括工作负责人）：		
工作任务：		
停电线路名称：		
工作地段（可附页绘图）：		

工作要求的安全措施（可附页绘图）	工作条件和应采取的安全措施（停电、接地、隔离和装设的安全遮拦、围栏、标示牌等）：			
	保留的带电部位：			

应装设的接地线	线路名称或位置				
	接地线编号				

签发	工作票签发人签名：　　　　　　时间：年 月 日 时　分 工作票会签人签名：　　　　　　时间：年 月 日 时　分
接收	值班负责人签名：　　　　　　　时间：年 月 日 时　分
工作许可	□工作许可人负责的本工作票"工作要求的安全措施"栏所述措施已经落实。 保留或邻近的带电线路、设备： 其他安全注意事项： 工作许可人签名：　　　　　　工作负责人签名： 许可方式：　　　　　　　　　时间：年 月 日 时　分

续表

安全交代	工作班人员确认工作负责人所交代布置的工作任务、安全措施和作业安全注意事项。 工作班人员签名： 时间：年 月 日 时 分
增加工作任务	不需变更安全措施下增加的工作内容： 工作负责人签名：　　　　工作许可人签名：　　　时间：年 月 日 时 分
工作延期	有效期延长到 月 日 时 分。 工作负责人签名：　　　　工作许可人签名：　　　时间：年 月 日 时 分
工作票的终结	全部作业于 月 日 时 分结束，线路（或配电设备）上所装设的接地线共（ ）组已全部拆除，工作人员已全部撤离，材料工具已清理完毕，已恢复工作开始前状态。 工作负责人签名：　　　　工作人许可签名： 终结方式：　　　　　　时间：年 月 日 时 分

附录1-10　紧急抢修工作票格式

　　　（单位名称）　　　　紧急抢修工作票

编号：

启动抢修	抢修工作负责人（监护人）：　　　　单位和班组： 负责人及工作班人员总人数共　　人
	抢修任务（抢修地点和抢修内容）：
	安全措施及注意事项：
布置抢修	本项工作及主要安全事项根据抢修任务布置人　　安排填写。
抢修许可	经核实确认或需补充调整的安全措施： 工作许可人：　　　工作负责人：　　　时间：年 月 日 时 分
抢修结束或转移工作票	抢修结束或转移工作票时间： 现场设备状况及保留安全措施： 工作负责人：　　　工作许可人：　　　时间：年 月 日 时 分

备注：
灾后抢修专责监护人：

附录1-11 施工组织、技术、安全措施（施工方案）

一、编制依据

1. 任务来源

如生产计划或施工合同。

2. 已经批准的设计施工图纸和相关资料审查、准备情况等

3. 现场勘察情况

现场勘察应主要包含以下内容：勘察时间、勘察单位、工作任务、勘察地点、现场需停电的范围、工作现场保留的带电部位、工作现场存在的危险点等。

二、工程概况及特点

1. 工程施工相关单位

说明工程项目、作业的建设单位（项目责任单位）、设计单位、监理单位、施工单位、运行维护单位。

2. 施工范围及主要工程量

说明工程项目、作业规模，列出施工内容及工程量。

3. 施工期限

说明计划开工日期、计划竣工日期。

4. 工程特点（非必要项，涉及下列特殊情况需填写）

主要说明工程设计、施工与常规设计、施工不一样的方面，施工应用的新设备、新工艺、新方法及施工中需解决的主要问题等。

三、组织措施

1. 施工现场组织机构

明确施工现场组织机构及各级负责人员的姓名。

2. 各级人员职责

说明组织机构中各级人员的职责。

3. 施工机具、安全工器具配置情况

根据工程项目、作业的内容、性质、特点列出施工中需准备的各种工器具及数量，并说明用途。

4. 人员配置情况、作业人员资质情况

（1）根据工程项目、作业的内容、性质、特点列出施工中需要的工种及数量。

（2）该项作业所涉及的特种作业人员、两种人资质审查情况。

5. 施工现场平面布置图（非必要项，视具体工程特点填写）

按照施工组织安排、施工方案和工程进度要求，对施工现场的交通道路，临时用水、电、生产和生活设施、设备、材料、机具、车辆的存放和加工现场等进行合理布置，绘制平面布置图，注明隔离闭锁要求。

6. 工程施工进度计划

按照施工方案、施工日期、工程量及有关因素制定工程进度计划。

四、技术措施

1. 主要工序施工流程图（非必要项）

2. 关键工序的技术要求及施工方法

3. 影响工程质量的薄弱环节及采取的预控措施

包含相应的质量控制文件。

4. 过渡措施（非必要项，如发生临时过渡措施需填写）

施工过程中，因为影响施工、保证供电或其他原因，需采取的临时措施。

五、安全措施

1. 主要危险点及预控措施

（1）结合建设单位作业风险数据库，根据具体作业安全风险评估及现场勘察情况对施工过程中可能存在的风险进行分析，列出风险控制措施，并明确责任人。

（2）涉及金属焊接作业，切割作业，吊装、起重机械作业，登高架设作业，受限、缺氧空间内作业，临时用电作业，爆破作业，动火作业，危险物品作业等作业项目，需进行风险分析，列出风险控制措施，并明确责任人。

2. 突发事件及应急措施

作业中可能出现的突发事件及应急措施。

3. 文明施工及环境保护

提出在施工过程中的环境污染、施工噪声等控制措施，对道路及绿化损坏、施工及生活垃圾处理等提出处置措施，保持施工现场的合理布局和清洁。

六、其他事项（非必要项）

本施工方案中未明确规定但需特殊说明的事项。

七、相关附录（非必要项）

引用、另附的表单、记录。

附录二　工器具及材料清单

附表2-1　压接工器具清单

序号	名称	规格型号	单位	数量	备注
1	压接钳		台	1	
2	断线钳		把	1	
3	钢丝刷		把	1	
4	钢卷尺		把	1	
5	游标卡尺		把	1	
6	钢丝钳		把	1	
7	汽油盘		把	1	
8	压模		套	1	
9	橡皮锤		把	1	
10	灭火器		只	1	
11	划印笔		只	1	

附表2-2　插接工器具清单

序号	名称	规格型号	单位	数量	备注
1	钢卷尺		把	1	
2	断线钳		把	1	
3	扳手		把	2	
4	钢丝钳		把	2	
5	斜口钳		把	2	
6	尖口钢丝钳		把	2	
7	汽油盘		个	1	
8	护目镜		付	2	
9	橡皮锤		把	1	
10	灭火器		只	1	

附表2-3　压接材料清单

序号	名称	规格型号	单位	数量	备注
1	接续管	LGJ-50/8	套	1	
2	铁丝	18#	kg	0.2	
3	砂纸	0#	张	1	
4	棉纱		kg	0.2	
5	汽油	93#	升	0.5	
6	导电脂（凡士林）	中性	瓶	1	
7	防锈漆		升	1	
8	木板		块	1	

附表2-4　插接材料清单

序号	名称	规格型号	单位	数量	备注
1	导线	LGJ-50/8	m	3	
2	铁丝	20#	kg	0.2	
3	砂纸	0#	张	1	
4	棉纱		kg	0.2	
5	汽油	93#	升	0.5	
6	木板		块	1	

附表2-5　立杆工器具清单

序号	名称	规格型号	单位	数量	备注
1	人力绞磨或机械绞磨	2t	台	1	
2	人字抱杆	6000~7500mm	根	2	
3	地锚桩	1200~1500mm	棵	18	
4	钢丝绳（三穿滑轮组）	φ12~φ16	m	100~150	主牵引钢丝绳
5	滑轮	2t	个	4~6	
6	铁锹		把	2	
7	铁镐		把	2	

续表

序号	名　称	规格型号	单位	数量	备注
8	链条葫芦	1.5t	把	2	
9	夺铲		把	2	
10	大锤	12磅	把	2	
11	手锤	0.5磅	把	2	
12	撬棍		根	4	
13	钢绳扣	1t	根	4~6	
14	吊绳（白棕绳）	φ10~φ14	根	6~10	
15	活扳手	8″~10″	把	各2	
16	斧子		把	2	
17	掏钓		把	2	
18	工具U型	1.5t	个	10	
19	元宝扣（马蹄螺丝）		棵	18	
20	脚扣或登高板		付	2	
21	安全带		根	2	
22	叉杆		付	2	
23	方木		根	4	
24	扛棒		根	10	
25	滑板（木板）		块	2	
26	吊线坠		个	2	
27	经纬仪		台	1	
28	水平仪		台	1	
29	花杆		棵	4	
30	塔尺		把	1	
31	皮尺		把	1	
32	墨斗		把	1	
33	信号旗		付	3	
34	对讲机		台	5	
35	口哨		个	2	
36	个人工具		套	3	

附表2-6　立杆材料清单

序号	名　称	规格型号	单位	数量	备注
1	钢筋混凝土电杆	φ160×9000	棵	1	
2	绝缘子	针式P2.5	个	4	
3	横担	∠50×180	根	1	
4	M型抱铁		根	1	
5	U型抱箍		根	1	
6	拉线抱箍		根	1	
7	杆顶抱箍		根	1	
8	拉板、连板		块	1	
9	楔型线夹（上把）		套	2	
10	UT线夹（下把）		套	2	
11	铁丝	10#、18#	圈	1	
12	螺栓	M16～20	棵	各10	套装外配置
13	木桩		棵	10	
14	白灰粉		斤	1	
15	细弦线		m	30	
16	防腐油漆	7.8/升	桶	1	铁红、黑油漆各1桶
17	卡盘	φ160用	付	1	
18	石、砂、水泥		kg		视现场情况确定

附录三　评分标准

附表3-1　导线压接评分标准

作业任务	导线压接		作业时间	40分钟	得分	
作业时间	作业开始时间		作业结束时间		用时	
作业负责人			作业人员			
考核项目	配分	考核要求			评判结果（√或×）	得分	模块得分
作业准备	10	（1）准备工器具齐全，差一种工具扣1分； （2）准备工器具合理，不合理一处扣1分					
安全作业	10	（1）劳动保护用品使用不规范一处扣2分； （2）工器具安全检查，不检查扣2分； （3）应采取必要的消防措施，无消防措施扣3分					
技能操作	60	（1）用细铁线在开断处两侧扎线，端头未扎线扣2分，脱线扣2分； （2）导线、压接管应清除污垢及氧化层，并用钢丝刷、通条、汽油清洗，不规范一处扣2分； （3）按规定压模模数及尺寸用划印笔做好压接印记，划印不正确，考核不合格； （4）穿管后导线露出管口30～50mm，导线之间加压条，不到位扣5分，未加压条本模块考核不合格； （5）铝质接触处涂中性凡士林，未涂凡士林扣2分； （6）压接应从中间向两端压接开始，压接顺序出现错误扣10分					

续表

作业任务	导线压接		作业时间	40分钟	得分	
质量 工艺	20	（1）导线端头露出压接管大于20mm，小于20mm扣5分； （2）压接完成后压接管弯曲度小于2%，并无裂纹，弯曲大于2%扣5分，有裂纹扣5分； （3）LGJ-50钢芯铝绞线压接管压后尺寸误差不大于20±0.5mm，压后尺寸误差大于20±0.5mm扣5分； （4）压接完成后，压接管出口外露处应涂防锈漆，未涂防锈漆扣2分				
清理现场 及其他	0	（1）场地未清理干净扣5分； （2）违反考场规则一次扣10分； （3）有违章行为一次扣10分； （4）每超过时间1分钟扣2分				

附表3-2 导线插接评分标准

作业 任务	导线插接		作业时间	30分钟	得分	
作业 时间	作业开 始时间		作业结 束时间		用时	
作业负责人			作业人员			
考核 项目	配分	考核要求		评判结果 （√或×）	得分	模块得分
作业 准备	10	（1）准备工器具齐全，差一种工具扣1分； （2）准备工器具合理，不合理一处扣1分				
安全 作业	10	（1）劳动保护用品使用不规范一处扣2分； （2）工器具安全检查，不检查扣2分； （3）应采取必要的消防措施，无消防措施扣3分				

考核项目	配分	考核要求	评判结果（√或×）	得分	模块得分
技能操作	60	（1）使用剪线钳剪断导线时，应在开断端用铁丝绑扎，防止导线剪断后散股，扎线应绕3～5绕，未绑扎扣2分，散股扣2分； （2）单股导线应满足1.5～2m的长度要求，不满足要求扣2分； （3）量取的导线线头应在0.8～1m之间，不满足要求扣2分； （4）导线线股未校直扣2分； （5）采用砂布清除导线线股的氧化层并用汽油清洗，未清除氧化层及清洗各扣2分； （6）钢芯的插接缠绕应紧密，两端各缠绕不小于3个花距，线头应绷断，断口紧靠导线，钢芯的插接未缠绕，考核不合格； （7）导线缠绕时绕向不正确扣5分； （8）导线缠绕时线股之间不紧密扣5分； （9）导线插接完成后未对接头校直扣2分			
质量工艺	220	（1）钢芯的插接缠绕应紧密，两端各缠绕小于3个花距或少于3个花距时出现钢芯断裂扣5分； （2）钢芯缠绕后的总长度大于10cm扣3分； （3）导线插接结束后，导线插接接头总长度导线插接长度小于400mm扣5分； （4）单股导线缠绕圈数少于5圈扣5分； （5）末端余线拧成小辫收尾少于3个花距扣2分			
清理现场及其他	0	（1）场地未清理干净扣5分； （2）违反考场规则一次扣10分； （3）有违章行为一次扣10分； （4）每超过时间1分钟扣2分			

附表3-3　操作演练内容与考核标准
——人工立杆考核评分标准

作业任务	抱杆法人工立杆		时间要求		120分钟	得分	
作业班组	作业开始时间			作业结束时间			
作业负责人			作业人员				

一、作业前准备（25分）

考核工序	考核内容	配分	评分标准（每项扣0.5分，标分扣完为止）	扣分	备注
1. 前期准备	办理工作票	0.5	检查工作票		
2. 工作前准备	工器具	5	（1）个人防护器具安全带、安全帽、绝缘手套、验电器、接地线准备齐全； （2）牵引工具、立杆工具准备齐全		
	资　料	0.5	线路图、现场勘察记录表等		
	材　料	5	水泥杆、扎线、角铁横担、瓷担绝缘子等		
3. 风险评估及预控措施	人身触电	2	（1）个人防护器具必须保证试验合格期内，仔细检查其是否损坏、漏气； （2）验电：使用合格的相应电压等级的专用验电器； （3）遵循由下至上、由近至远的原则逐相进行验电；验明线路确无电压后在工作线路两侧装设接地线，装设时应先装接地端后装导线端，拆除时与其相反； （4）作业过程中若遇天气突变，有可能危及人身安全时，立即停止工作		
	高空坠落	2	（1）工器具在试验合格期内，使用工具前仔细检查其是否损坏、变形、失灵； （2）高处作业必须使用安全带； （3）使用安全带严禁"低挂高用"； （4）若电杆湿滑，登杆时应采取防滑措施		

续表

考核工序	考核内容	配 分	评分标准（每项扣0.5分，标分扣完为止）	扣分	备注
3. 风险评估及预控措施	物体打击	2	（1）工作场所周围装设围栏，并在相应部位装设交通警示牌，所有作业人员进入作业现场必须正确佩戴安全帽； （2）承力工具不得超额定荷载使用； （3）起吊工具材料时必须拴稳拴牢，绑扎长件工具时应用尾绳控制； （4）必须使用工具包，防止工具掉落，作业点正下方不得有人逗留和通过； （5）大锤使用前应进行检查，不准戴手套或用单手抡大锤，周围不准有人靠近		
	交通风险	1	（1）根据现场实际路况在来车方向前50m摆放"电力施工 车辆慢行"警示牌，在道路周边或道路上施工穿反光衣，夜间作业悬挂警示灯； （2）防止外界妨碍和干扰作业，在施工地点四周放置安全护栏和作业标志		
	中暑	1	应避开炎热高峰时段作业，现场气温达35℃及以上时，不宜开展作业，现场气温达40℃及以上时，应停止室外露天作业；现场应配备饮用水和急救药物		
4. 检查现场		3	（1）核对线路名称和杆塔编号正确无误； （2）核实线路工况		
5. 工作许可		1	办理工作票许可		
6. 作业前安全交底		2	工作负责人向工作班成员宣读工作票，明确分工，告知危险点，并履行确认手续		

二、作业过程（70分）

序号	作业步骤		配分	评分标准（每项扣0.5分，标分扣完为止）	扣分	备注
1	现场作业准备	装设现场安全设施	5	（1）工作场所周围装设围栏，并在相应部位装设交通警示牌； （2）路面作业时，作业人员应注意来往车辆，穿好反光衣并设专人监护。		
		牵引工器具摆放、检查	10	（1）检查牵引工器具无裂纹、无损伤； （2）立人字抱杆（抱杆角度60°～70°）； （3）在电杆的适当部位拴好起吊钢丝绳（吊点绳）、缆风绳及前后控制绳； （4）地锚设置； （5）牵引工器具设置； （6）四方缆风绳设置； （7）杆坑检查； （8）弧垂观测点设置		
		验电	3	（1）遵循由下至上、由近至远的原则逐相进行验电； （2）使用合格的相应电压等级的验电器		
2	检查设备状况		2	检查作业范围内的设备及线路情况		
3	装接地线		5	在工作线路两侧装设接地线，装设接地线应先装接地端后装导线端，拆除时与其相反		
4	更换直线杆新杆就位	（1）捆绑新杆	5	抱杆控制、杆根控制、四方缆风绳控制、电杆吊点选择		
		（2）指挥牵引装置缓慢起吊新电杆	15	（1）抱杆就位后，拉出三穿滑轮组钢丝绳； （2）用吊绳绑住杆的重心偏上位置，将绳套放入三穿滑轮钩内，指挥牵引装置使电杆轻微受力； （3）杆底部起立离地后停止起吊，对各受力点处作全面检查，无问题后方可继续起立； （4）电杆吊起到与地面成80°时，密切观察缓慢起立； （5）抱杆支腿不应支放在沟道盖板上； （6）抱杆滑轮钩应有防脱落装置； （7）电杆起吊过程中，严禁工作人员在杆下方逗留、经过，工作人员必须在1.2倍杆距外； （8）作业人员及时调整两侧缆风绳		

续表

序号	作业步骤		配分	评分标准（每项扣0.5分，标分扣完为止）	扣分	备注
4	更换直线杆新杆就位	（3）电杆起立及校正	8	（1）指挥牵引装置缓缓起吊电杆，作业人员配合电杆落入杆坑； （2）调整缆风绳校正电杆，使杆梢偏移不大于梢径的1/2； （3）严禁使用抱杆校正电杆		
		（4）回土夯实杆坑	5	每回填土300mm要进行夯实一次，直至高出地面300mm		
		（5）作业人员拆除吊钩上吊绳，安装角铁横担	5	（1）指挥牵引装置撤离作业范围； （2）拆除绳索时，必须在电杆稳固后进行； （3）横担和绝缘子安装牢固可靠，满足规范； （4）传递横担、绝缘子时应绑扎牢固，不与电杆发生碰撞		
		（6）固定导线于绝缘子槽沟内	5	遵循由上至下、由近至远的原则，作业人员逐相将导线放置于绝缘子槽沟内并用扎线固定		
5	作业检查		2	作业工艺符合要求		

三、作业终结（5分）

序号	作业步骤	配分	评分标准（缺一项扣0.5分，标分扣完为止）	扣分	备注
1	验收意见	1	遗留问题及处理意见合格（　　）、不合格（　　）		
2	工作结束、清理现场	3	（1）确认所有工作班人员已经撤离作业现场，办理工作终结手续； （2）拆除安全围栏、警示牌，整理安全工器具； （3）清点工器具及材料无遗留； （4）将设备、工具、材料等撤离现场，清理现场施工杂物		
3	作业总结	1	工作负责人召开班后会		

考评员签字：　　　　　　　　时间：

参考文献

［1］《中华人民共和国突发事件应对法》

［2］《生产安全事故应急预案管理办法》

［3］《生产经营单位安全生产事故应急预案编制导则》（AQ/T 9002—2006）

［4］国家电监会《电力企业应急预案管理办法》（国能安全〔2014〕508号）

［5］《35kV及以下架空线路施工及验收规范》（GB 50173—92）

［6］《云南电网公司配网台架变标准施工规范（试行）》

［7］《云南电网公司10kV及以下农网工程施工工艺质量控制规范（试行）》

［8］《南方电网公司重大自然灾害设备抢修指导意见（试行）》

［9］中国南方电网有限责任公司.《中国南方电网有限责任公司电力安全工作规程》（Q / CSG 510001—2015）

［10］刘万义. 倒杆断线的处理和预防//吴文宣，等. 农村电工. 福州：福建科学技术出版社，1999（12）:18.

［11］中华人民共和国电力行业标准《电气装置安装工程质量检验及评定规程》（DL/T5161.1–5161.17—2002）

［12］中国南方电网有限责任公司企业标准《10kV～500kV输变电及配电工程质量验收与评定标准（第八册 配网工程）》

［13］霍宇平，高志文.配电线路实用技能培训教材[M].北京：中国电力出版社，2006.

［14］丁毓山，金开宇.配电线路职业技能鉴定培训教材[M].北京：中国水利水电出版社，2004.

［15］野山拓展科技开发有限公司.安全装备的使用维护说明. 2016

［16］野山拓展科技开发有限公司.高空拓展设施安全操作训练. 2016

［17］云南电网公司电力教育中心.拓展设施设备项目说明. 2016

［18］《架空绝缘配电线路施工及验收规程》（DL/T 602—1996）

［19］导地线压接工作质量控制大纲（试行）

［20］朱红俊.现场自救互救一般知识.云南省急救中心，2006.

［21］朱红俊. 创伤急救基本技术.云南省急救中心，2006.

［22］自救互救常识.云南省急救中心培训教材（PPT）.2006.

［23］心肺复苏.云南省急救中心培训教材（PPT）.2006.

［24］李景禄.实用配电网技术[M].北京：中国水利水电出版社，2006.

［25］刘学军.继电保护原理[M]. 2版.北京：中国电力出版社，2007.

［26］刘介才.实用供配电技术手册[M].北京：中国水利水电出版社，2002.

［27］云南电网公司城农网10kV及以下配电线路通用设计V3.0（试行）（内部资料）

［28］架空绝缘配电线路施工及验收规程（DL/T 602—1996）

［29］圆线同心绞架空导线（GB/T 1179–2008）

［30］《南方电网公司10kV和35kV标准设计V1.0》